电磁直线执行器直接驱动的流体控制阀系统的研究

朱建辉 著

中国水利水电出版社
www.waterpub.com.cn
·北京·

内 容 提 要

本书以高性能的电磁直线执行器直接驱动的流体控制阀系统为研究对象，以提升流体传动与控制系统的控制性能为目标，通过系统方案设计、理论分析、数学建模、仿真计算和试验验证相结合的方法，对电磁直线执行器直接驱动的流体控制阀进行深入和详细的研究。本书内容主要包括绪论、系统的方案设计、系统数学模型与仿真分析、磁阻位移传感器的研究、流体控制阀连续升程控制研究和流体控制阀的无模型自适应控制等。

本书可作为机电控制、流体控制等研究领域相关技术人员的参考用书，也可作为机电工程领域研究生参考用书。

图书在版编目（ＣＩＰ）数据

电磁直线执行器直接驱动的流体控制阀系统的研究 / 朱建辉著. -- 北京 : 中国水利水电出版社，2021.12
ISBN 978-7-5226-0232-5

Ⅰ. ①电… Ⅱ. ①朱… Ⅲ. ①电磁执行器－流体－控制阀－研究 Ⅳ. ①TH86

中国版本图书馆CIP数据核字(2021)第233631号

书　　　名	**电磁直线执行器直接驱动的流体控制阀系统的研究** DIANCI ZHIXIAN ZHIXINGQI ZHIJIE QUDONG DE LIUTI KONGZHIFA XITONG DE YANJIU
作　　　者	朱建辉　著
出 版 发 行	中国水利水电出版社 （北京市海淀区玉渊潭南路 1 号 D 座　　100038） 网址：www.waterpub.com.cn E-mail：sales@waterpub.com.cn 电话：(010) 68367658（营销中心）
经　　　售	北京科水图书销售中心（零售） 电话：(010) 88383994、63202643、68545874 全国各地新华书店和相关出版物销售网点
排　　　版	中国水利水电出版社微机排版中心
印　　　刷	天津嘉恒印务有限公司
规　　　格	184mm×260mm　16 开本　6.25 印张　152 千字
版　　　次	2021 年 12 月第 1 版　2021 年 12 月第 1 次印刷
印　　　数	0001—1000 册
定　　　价	**49.00** 元

前　言

进入 21 世纪以来，机电设备的研发和制造水平取得了显著的进步，以高能效、低排放为核心的"低碳经济"和节能环保基本上是现代所有机电系统必须具备的特征。现代科技的进步促使传统机电系统发展成为由信息流驱动且实现高精度、高稳定与高可靠的机、电、液一体化控制系统，而人们对高速度、高功能、高精度与智能化机电产品的需求也越来越迫切。因此，开发具有自主知识产权的智能化、数字化流体控制阀将有助于更好地满足日益增长的市场需求，进而推动我国在流体控制元件领域的发展。

流体控制阀作为流体传动与控制系统的核心控制元件，在流体传动与位置伺服系统中起着将小功率的电信号转换为高压大流量的流体输出的决定性作用，从而实现对执行元件的位移、速度、加速度以及力的控制。基于电磁直线执行器直接驱动的流体控制阀具有结构简单、响应快速、抗污染能力强和可靠性高等显著优势，能够克服传统伺服阀的缺陷，对单级直接驱动的流体控制阀的研究具有重要的理论研究意义和实际应用价值。

本书涉及机电控制、直接驱动、流体控制阀技术以及直线位移传感器等方面的内容，覆盖学科较广，在电磁直线执行器应用领域具有一定的先进性和创新性，可为直线驱动装置领域的研究提供技术参考。

本书获得江苏省产学研合作项目（BY2020695），江苏省高等学校自然科学研究面上项目（19KJD460002）和淮安市科技局项目（HABZ202018）的资助与支持，在此表示感谢。

同时，对所有为完成本书提供帮助和支持的专家和学者表示由衷的感谢！

由于作者水平有限，书中难免有疏漏和不妥之处，敬请有关专家和读者批评指正。

作者

2021 年 8 月

目　录

第1章 绪 论

1.1 概 述

人类进入工业文明阶段,经济的发展建立在能源与资源大量消耗的基础上,全球经济飞速发展,取得辉煌成就,同时也使得人类赖以生存的能源和环境问题日益突出,以高能效、低排放为核心的"低碳经济"和节能环保基本上是现代所有机电系统必须具备的特征,而人们对高速度、高功能、高精度与智能化机电产品的需求也越来越迫切。以流体为工作介质的流体传动与控制技术因其传递信号的动力,具有节能、高响应、结构简单、抗环境污染、成本低和易维护等特点,在现代工业的各个领域得到广泛的应用和发展,然而流体的可压缩性、控制阀的非线性流量特性、时间滞后等导致的流体传动与控制系统固有频率低、刚度低和强非线性等因素给其控制增加了难度。

复杂的机电系统通常涉及机械、电子、液压、气动和控制等多学科领域,是机、电、气、磁与流体等多物理场过程融合于同一载体的复杂系统,多场域耦合造成系统同时兼容多种物理过程,实现不同形式的能量传递与转换[1]。现代科技的进步促使传统机电系统走向自适应、协同控制的智能复杂机电系统,并发展成为由信息流驱动且实现高精度、高稳定与高可靠的机、电、液一体化控制系统。其共有特性主要表现在以下四个方面[2]:

(1)集成了多重高新技术的多功能复杂机电系统,具有物理结构复杂、技术深度高与宽度广、多学科知识密集交叉与融合的显著特征。

(2)系统由多个相同或不同层次的子系统组成,各子系统之间通过融合组成结构复杂的有机整体。

(3)系统具有动态特性和开放性,通过耦合和协同进行能量流、物质流与信息流的传递、转换与演变,实现多个复杂的物理过程,并形成系统的基本功能。

(4)由于复杂机电系统存在功能、结构、耦合关系和物理过程等各方面所具有的复杂性,表现出一般复杂系统的典型特征[3]。

进入21世纪以来,机电设备的研发和制造水平取得了显著的进步,伴随着微电子技术的发展,微处理器、电子功率放大器、传感器与液压/气动控制单元集成,形成机、电、液一体化产品。智能化、数字化流体控制系统也提高了系统的控制精度以及可靠性和鲁棒性[4]。但是我国的流体控制技术由于起步较晚、研发水平落后等因素影响,关键核心技术对外依存度较高,依然存在重大技术装备主要依赖进口、关键技术自给率低、自主创新能力薄弱等问题。随着电子技术、信息技术、传感器技术和系统集成技术的发展和应用,德国、日本等先后研制出高性能、高可靠性的伺服阀的产品,以及美国穆格(MOOG)和帕克(PARKE)为首的行业巨头占据市场,长期封锁相关技术[5,6],并限制一些高精度与速度的流体控制阀产品出口。因此,开发具有自主知识产权的流体控制阀迫在眉睫。

　　流体控制阀作为流体传动与控制系统的核心控制元件，在流体传动与位置伺服系统中起着决定性的作用。传统的流体控制阀由于驱动装置的功率限制，常采用多级的结构，大多利用喷嘴挡板或射流管为前置放大器作为先导级。多级的结构使得制造工艺复杂，同时也限制了频响，并且容易泄漏，造成整个系统的可靠性和稳定性降低[7]。

　　随着驱动装置的发展，生产单级直接驱动的流体控制阀成为可能，由于单级的结构简单，而且具有高频响、大流量与强抗污染能力等优点，已成为研究的主要方向[8,9]。其与传统多级阀的最大区别是前置放大器的取消，采用大功率的电—机转换装置直接驱动阀芯，配以集成的位移传感器和控制器代替去工艺复杂的机械反馈装置，从而提高了可靠性、简化了结构、降低了生产成本，并且能够达到多级伺服阀的性能指标。而伴随着技术的更新和进步，流体控制阀已经广泛应用于航空航天、船舶、医疗、农业和工业自动化等领域。其未来的发展趋势主要表现在以下几个方面：

　　（1）数字化控制。计算机技术和电子技术的进步为流体传动与控制系统实现数字化的控制提供了可能，将高速嵌入式计算机系统与流体控制阀系统相结合起来[10]，一方面，利用 A/D 转换接口将传感器采集到的信号转换为数字信号；另一方面，由计算机发出的数字信号经 D/A 转换实现对模拟控制元件的数字控制[11]。现代工业现场大多都是采用数字式控制器，数字信号相对于模拟信号具有不容易受其他信号的干扰、无传输过程中的误差和数据丢失等诸多优势，为系统的稳定性提供保障，同时便于实现系统的模块化管理与集成以及数字总线的传输。

　　（2）高响应、高精度、高可靠性的需求。一直以来，如何提高流体控制阀的响应成为关注的焦点，现代的流体控制阀系统已经由早期简单的开关控制，对点到点的位置控制演变为对压力、速度、位置等参量的高速度和高精准度的控制。而系统的响应时间很大程度上受电—机转换装置的频响所限制[12]。早期的流体控制阀在结构上多采用机械控制方式，将最终输出量转换为机械弹簧位移，由于受弹簧刚度有限的影响，阀的响应较低，同时由于弹簧疲劳损坏带来的可靠性等问题也较为突出。而采用步进电机或伺服电机作为驱动装置，便于计算机控制，但增加了需要将旋转运动转换为直线运动的环节，使得效率降低，响应慢[13]，因此提高流体控制阀的响应速度是研究的主要目标[14,15]。

　　另外，随着系统对精度的要求越来越高，如何在其高速运动的同时能够保证精准度也是备受关注的问题，同时还要能够使得系统在频繁的往复运动下的可靠性得到保障，也给控制带来新的难度和挑战。

　　（3）集成化和智能化。通过标准的现场总线、无线传输与上位机进行数字交互形成智能化的控制系统，同时系统运行中的控制参数可以通过现场总线由用户或上位机来设置，而下位机的各种信息也能传递给上位机来监控，从而提高系统对负载、环境以及自身参数变化的适应能力，实现智能化。

　　基于以上背景，本书提出一种采用电磁直线执行器直接驱动的流体控制阀系统，该系统能够准确地对气体或其他流体的流量、压力等参量进行控制。本书研究主要以气体作为工作介质，也可以拓展到其他流体的控制，并通过有效的控制算法来实现系统的精准性要求，进一步提升机电设备的性能，同时提高流体控制元件领域的竞争水平。

1.2 国内外研究现状和发展趋势

1.2.1 阀用电—机转换装置的研究

电—机转换装置的工作原理是将输入的电信号通过特定设计的元件将电能转换为机械运动的机械能，进而驱动流体放大器件的控制元件，然后转化为流体压力。电—机转换装置是流体控制阀的核心部件，关系到流体控制阀的整体性能。流体控制阀系统的电—机转换装置可以分为[16~18]力马达（输出为位移）或力矩马达（输出为转角）、伺服/步进电机、音圈电机、新型比例电磁铁和基于新型材料的电-机转换装置。

文献［22］中将各类执行器分 18 个大类 220 种执行器，而在阀用执行器领域，主要是采用直线和旋转执行器为主，从能量来源角度有电—机械、化学能等形式。在应用过程中，更多地需要考虑权衡系统的性能要求：直线或者旋转性能、物理尺寸、行程、输出力、工作频率以及重量和成本等。关于几种阀用执行器的性能对比见表 1.1。

表 1.1　　　　　　　　　　电—机转换装置性能对比分析

性能	力/力矩马达[19]	伺服/步进电机[23]	比例电磁铁[24]	新　型　材　料[20~22]		
				PZT	GMM	SMA
行程	小（±45μm）	大（±0.5mm）	小	小（几百微米）	微米级	微米级
输出力	大	大	小（±70N）	小	大	小
频响	高（1300Hz）	低（140Hz）	低（190Hz）	高（数千赫兹）	680Hz	几十赫兹
磁滞	小（<6.5%）	小（3%~5%）	小（<4.5%）	大（15%~20%）	大	大
其他	非线性严重	数字阀	电流小，功耗小	易漂移、击穿	响应快	响应慢

1. 力/力矩马达

力/力矩马达是基于衔铁在磁场中受力的原理，利用控制线圈产生控制磁场，叠加在原有极化的磁场上，引起磁场的不平衡，改变不同工作气隙中的磁通，从而使衔铁得到与输入电流相应的净输出力或力矩[25]。力矩马达结构如图 1.1（a）所示，力马达结构如图 1.1（b）所示。

力矩马达因不存在非工作间隙，磁路效率非常高，工作电流为毫安级别，因此也降低了其抗干扰的能力，但频响能够达到 500~600Hz，同时因其输出角位移较小，通常作为两级或者多级阀的电—机械转换部分，造价昂贵和制造加工的难度限制了其使用范围[26]。

力马达的技术已经相对成熟，并应用于伺服阀的生产中，如日本三菱公司 MK 型、榆次油研（YUKEN）研制的 LSGV-03 型以及美国 MOOG 公司的 D633/634 等直接驱动的流体控制阀。我国浙江大学流体传动及控制国家重点实验室也研制了一种耐高压永磁极化式双向线性力马达[27]，其工作幅频带宽可以达到 150Hz，最大输出力为 ±60N，工作线性范围 ±1mm，但还尚未见到成熟的阀用产品。力马达能够双向地输出力，相对于力矩马达

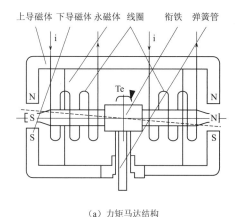

（a）力矩马达结构

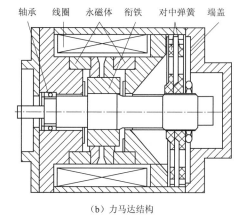

（b）力马达结构

图 1.1　力/力矩马达的结构示意图

结构简单，易于实现，具有更大的线性工作范围。西南交通大学的张弓等研制了一种动圈式力矩马达，通过对磁铁的优化设计，使得力马达的性能有大幅度提升，并将其应用于超高速电液比例阀中，得到了较高的频响，试验达到 200Hz，响应时间为 2.5ms[28]。

　　2. 伺服/步进电机

　　伺服/步进电机是基于电机旋转带动伺服阀阀芯运动的原理，采用电脉冲信号进行控制，将电脉冲信号转换成相应的角位移输出，阀芯的位移与转角成一定的比例关系。这种转换装置的特点是采用数字信号控制，便于和计算机连接，结构简单，维护方便。通常由无刷直流电机来直接驱动转阀阀芯或偏心滑阀，利用成熟的电机控制技术来控制阀芯的运动。

　　步进电机是一种利用电磁原理将电信号转换为机械位移的电机，利用其步距角和转速与脉冲频率的关系，不受电压波动和负载的影响，将其和流体元件组合构成数字阀，通常有增量式和脉冲式。浙江工业大学阮健课题组利用步进电机作为电—机械转换装置研制出 2D 数字电液伺服阀[29,30]如图 1.2 所示，其主要由阀体、阀芯、传动机构与步进电机等组成，通过控制步进电机的转角来控制阀口的开闭，从而控制阀的流量。其阶跃响应的上升时间约为 8ms，频宽为 140Hz，具有较高的响应速度和控制精度。日本东京计器公司开发

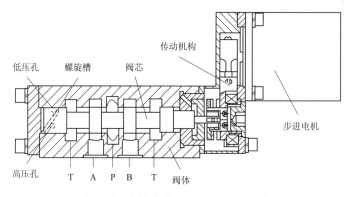

图 1.2　步进电机直接驱动的数字阀

的一种增量式数字阀，已达到产品化，其研制的流量阀和压力阀，流量达到1～500L/min，滞环精度和重复特性精度小于0.1%，压力达到210MPa。

3. 新型比例电磁铁

新型比例电磁铁主要有单向比例电磁铁和双向比例电磁铁两种，其主要是依靠导磁体之间的电磁吸力输出电磁力。单向比例电磁铁主要用于继电器和接触器中，而气动伺服系统中主要采用双向比例电磁铁。

浙江大学流体传动与控制国家重点实验室研制了一种耐高压双向极化式比例阀用电磁铁[24,31]如图1.3（a）所示，这种电—机转换装置通过控制线圈上的激磁电流得到与电流相对应的输出力，可以双向连续控制，无零位死区，电流与输出力之间成比例特性，推力大且结构简单。太原理工大学许小庆、权龙课题组也研制出伺服比例阀用的电—机械转换器[32,33]如图1.3（b）所示，并提出一种具有2个运动构件2自由度电—机械转换器。贵州红林机械厂的苗建中等人和美国的CAP公司开发的SP系列两通常闭式电磁驱动阀[34]，采用电磁铁的驱动方式，执行部件为球阀，当电磁阀不通电时为关闭状态，当电磁驱动模块发出驱动电流时，球阀打开。该阀的开启时间小于3.5ms，关闭时间小于3ms，静态流量115～480SLPM（3.2～16.2g/s），工作频率可达100Hz。国外也已经将双向驱动比例电磁铁用于产品上，如美国MOOG公司、德国Rexroth公司均有自主产权的双向比例电磁铁产品。

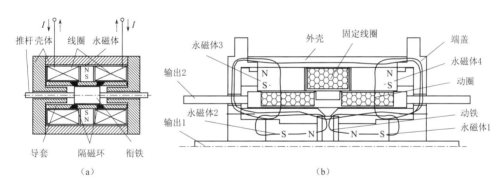

图1.3　新型比例电磁铁

4. 音圈电机

音圈电机（voice coil motor，VCM）通常具有利于产生高加速度的较低电枢质量，高驱动力和较长行程，响应较快，而且是非接触式远程驱动，控制电压低，双向运动，能量密度高等特点，在控制阀领域得到广泛的应用[35]。

基于VCM直接驱动的控制阀如图1.4（a）所示，主要由音圈马达、气动滑阀、高精度位移传感器组成[36]。滑阀阀芯直接与音圈马达的可动线圈支架连接，减少了支撑面积和阀芯摩擦力，有利于提高阀芯灵活性及控制精度。阀芯位移通过高精度位置传感器检测并反馈至控制器，实现阀芯位置闭环控制，从而精确控制流经伺服阀阀口的高压气体流量[37,38]。德国帕克公司利用音圈驱动技术开发了DFplus系列比例阀，其运动部件只有移动线圈，驱动器与相对运动的零件之间没有任何支承，惯量小，摩擦也相对较低，因此具有较高的频率达到400Hz，且具有良好的线性度。另外音圈电机的电感较小，动态响应速度也较高[39,40]。

北京航空航天大学设计的直接驱动阀用的直线音圈电机如图 1.4（b）所示，采用全数字驱动控制器，阀芯控制精度达到 $1\mu m$，位置频响 400Hz，设计行程为 $\pm 1mm$[41,42]。Miyajima 等利用音圈电机的输出力和电流呈线性关系，设计了基于 VCM 的高精度气动位置伺服系统，具有良好的位置跟踪能力[43,44]。加拿大多伦多大学的 Baoping Wen 研发一种新型的线性执行器[45]（hybrid linear actuator，HLA），该执行器集成了电磁作动器和音圈电机的机械结构，借助三维有限元分析和优化技术确定 HLA 的关键参数，并设计了专门的脉冲电源驱动执行器，经过试验验证在不同的电流负载和位置下的性能，执行器具有较高的启动加速度和高落座减速，在设计的紧凑型规格尺寸 40mm×34mm×12mm 下能够输出 50N 的力，动子质量 55g，在空载下，能够达到 92g 的加速度，响应时间小于 10ms。

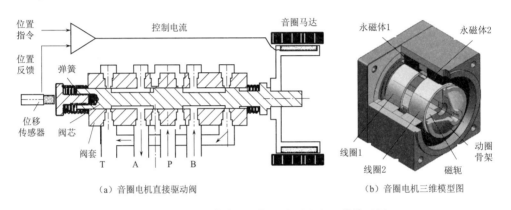

（a）音圈电机直接驱动阀　　　　　　（b）音圈电机三维模型图

图 1.4　音圈电机直接驱动阀和音圈电机三维模型图

近年来，为了进一步提高电—机转换装置的响应速度，开始采用新材料来设计新型的电—机转换装置，主要有三种，即压电式转换器、超磁致伸缩转换器和形状记忆合金转换器。新型材料的使用为阀用电—机械转换装置技术的发展提供了新的途径，但是目前这些新材料的某些关键技术尚需解决，应用实际工业生产中还有待进一步的发展。从目前的研究来看，对阀用电—机转换装置的研究，主要集中在响应的时间和输出位移两个方面。传统的方式输出力较大，推动阀芯行程也较长，但是频响不够；而新型材料有较高的频响，但是输出位移一般在微米级。因此，未来的研究趋势是两者的折中，既要达到输出阀芯的行程要求又能满足工业现场所需的高响应。

1.2.2　直接驱动的流体控制阀的研究

流体控制阀是用于对流体流动状态（压力、流量、截止/导通）进行控制的机械装置。电—机械转换装置的研究与发展，促进了流体控制阀的不断进步和性能的提升，也使得单级直接驱动实现成为可能，而对直接驱动的流体控制阀领域的研究主要表现在开关阀和伺服阀两个方面[46]。

开关阀是一类基于高速开关元件的 PWM 控制阀，通过控制开关元件的通断时间比，获得在某一段时间内的流量的平均值，高速开关阀的 PWM 控制，始终表现为一种机械信号的调制。由于噪声大和易于产生压力脉动和冲击，影响元件自身和系统的寿命以及工作的可靠性。浙江大学的向忠对气动高速开关阀的关键技术进行了深入的研究[47]，分别以E型和C型电磁铁为电—机械转换机构，并进行了改进，缩小衔铁直径，降低了运动质量，提高了响应速度。他设计了两种不同结构的气动高速开关阀，在额定工作条件下，开启和关闭延迟为0.8ms，额定流量达45～70L/min，并有效地抑制阀的温升问题。其结构如图1.5所示[48]，主要采用高低压斩波控制，通过给线圈加上PWM控制信号，控制阀芯的运动方向与切换频率，从而控制作用口A与供气口P及排气口之间的交替导通与截断。哈尔滨工业大学的鲍文[49]等对燃气流量调节阀进行仿真和试验研究，该阀通过调节阀头内的气体压力来调节阀喉部面积，进而实现燃气流量调节。侯晓静等对弧形和锥形两种外型面的燃气流量调节阀进行设计

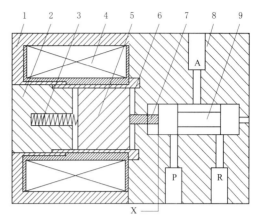

图 1.5 气动高速开关阀的结构示意图
1—扼铁；2—静铁芯；3—复位弹簧；4—励磁线圈；
5—动铁芯；6—隔磁环；7—连接杆；
8—阀体；9—阀芯

计算[50]，通过流场仿真和行程计算为燃气流量调节阀的调节性能提供参考和依据。

日本的NACHI公司设计生产的一种高速开关阀其结构如图1.6所示，采用螺管电磁铁，并进行了优化，当隔磁环位置低于磁极断面时，电磁力降低，电感减少，加快响应速度。该阀阀芯为锥形，控制电压为24V，最大电流为0.6A，行程0.3mm，压力7MPa时，流量为8L/min[51]。此外还有日本的电装公司研发的锥阀结构常开式电磁阀，是由内外阀组成的两位三通阀，但受液动力影响较大，使用范围较小。

瑞典某公司采用超磁致伸缩材料研发的高速燃料喷射阀，通过控制驱动线圈的电流来驱动负磁致伸缩棒，使得针阀提起或放下，可实现在燃料喷射过程中的快速、高准确度的燃料流动无级控制[52]。其结构如图1.7所示。

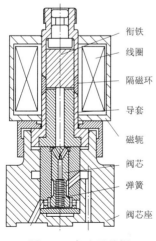

图 1.6 高速开关阀

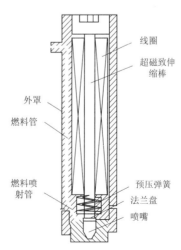

图 1.7 高速燃料喷射阀

德国亚琛工业大学流体传动及控制研究所（IFAS）研制的压电型伺服阀如图 1.8（a）所示，其流量达到 70L/min，压力 70MPa，通过特殊位置放大机构，使得压电叠堆的输出驱动阀芯的行程由压电材料的形变放大近 40 倍，阀芯的行程达到 ±1mm 以上，频宽达到 270Hz，有效地解决了压电材料的位移较小的缺陷[5,53]。

美国 Caterpillar 公司研制的一种电磁与压电混合驱动液压阀如图 1.8（b）所示[54]，在阀开始打开的时候，受到的液压阻力较大，依靠压电组件的瞬时高驱动力来打开液压阀，一旦阀口打开，阀芯运动的阻力迅速降低，切换为由电磁驱动装置来驱动阀芯，直到阀口完全打开。此混合型的压电驱动装置能够充分利用压电晶体输出力大而位移小的特点，使得阀的性能得到提升。

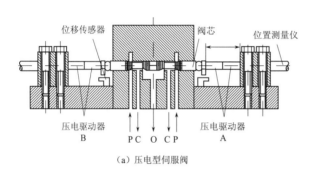
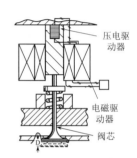

（a）压电型伺服阀　　　　　　　　　　　（b）电磁与压电混合驱动液压阀

图 1.8　压电元件直接驱动的控制阀

日本 Takahiro 等[55,56]对 GMM 直动式伺服阀进行了深入研究，通过控制驱动线圈的电流，改变磁场，驱动 GMM 棒伸缩，并采用 Z 形支托连接两个 30mm 的 GMM 转换装置，增加了其刚度同时放大了其位置输出的能力，使得阀芯行程达到 50μm，单级直驱时达到 800Hz。用于两级伺服阀结构时，伺服阀频率超过了 200Hz，7MPa 压力下流量达到 50L/min，其结构如图 1.9 所示。利用其高响应的特性，并应用于共轨燃料喷射系统中的针阀结构[57]，开启时间仅 0.3ms，关闭时间为 0.5ms。我国浙江大学对 GMM 驱动阀也有相关的研究，曾先后将 GMM 应用于喷嘴挡板压力阀[58]，脉冲喷射开关阀[59]以及电磁阀[60]等。南京航空航天大学的李跃松等对超磁滞伸缩伺服阀进行一系列深入研究，将其运用于射流阀系统中并对滞环和温升等问题作相关的改善[61,62]。

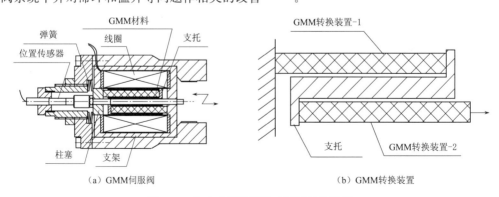

（a）GMM 伺服阀　　　　　　　　　　　（b）GMM 转换装置

图 1.9　直动式伺服阀用 GMM 转换装置

1.2.3 直接驱动的流体控制阀的控制调节技术研究

理想的控制策略应该能够保证系统的动态、稳态特性，同时还能针对系统的各种非线性因素、参数变化等外界扰动有较强的鲁棒性，此外对算法的要求还应能尽量不依赖系统的精确数学模型，尽可能地减少计算量以便于在数字控制器实时处理等。因此，研究适用于直接驱动的流体控制阀的先进控制技术，进一步提高系统的性能已然成为了目前国内外研究的重点之一。

基于经典控制理论的 PID 控制策略，已经很难达到实际控制的精度和响应要求，因此在此基础上，多采用补偿和校正的方法来进一步实现性能的提升[63]，如采用非线性摩擦力、电机推力波纹和齿槽力的补偿、干扰补偿、机械误差补偿和热效应误差补偿等。而校正方面，多采用前馈校正，如 Tomizuka[64] 提出的前馈控制器算法-零相误差跟踪控制器 (zero phase erro tracking controller，ZPETC)，以消除反馈环的所有极点和可消除的零点以及消除不可消除的零点引起的相位误差。其不足之处是在一个宽的频率范围内对整个闭环特性的倒置，因此会出现在高频段具有很高的前馈增益的现象。在此基础上，Carl 提出一种基于零相低通滤波器相结合的 ZPETC[65]，这样可以限制其在高频段的增益，同时还能保持零相位误差的特点。基于补偿和校正在一定程度上能够改善控制器的性能，拓宽系统的频响带宽，但是由于干扰因素的不确定性，对其进行完全补偿是十分困难的，特别是在高精度和高速的运动场合下，面对各种参数变化、干扰的时变性和不确定性等影响，控制算法上需要做进一步的提升。

利用经典控制理论对直线伺服系统中的点位运动控制的研究主要有：上海交通大学丁汉课题组[66]对芯片封装的一类直线伺服原型系统-直线电机驱动 $X-Y$ 运动平台，针对系统中的摩擦、外部扰动、模型摄动和延时扰动等四种扰动因素，通过引入参数自适应和状态观测器，将点到点运动分成高速运动和高精度定位两个阶段，采用鲁棒滑模控制，运动 4mm，稳态定位精度在 $5\mu m$ 之内，运动时间小于 67ms，且响应无超调；哈尔滨工业大学的李腾对具有高加速度、高精度和短距离的高动态运动平台的点到点运动的直线电机控制[67]，采用了位置环和速度环反馈加前馈控制，位置环采用 PID 对运动轨迹的跟踪，同时结合干扰补偿器，速度环采用鲁棒 H_∞ 控制和速度曲线规划实现对参数不确定性及干扰的控制，利用零相误差跟踪控制进一步提高轨迹的跟踪精度，最终实现最大加速度 $15g$，$\pm 2 \sim \pm 3\mu m$ 的定位精度。此外还有日本精华大学精密仪器所采用 PD＋扰动观测器的控制器结构，以及 Tan 等[68,69]的 PD＋鲁棒自适应补偿算法，都对直线电机直接驱动的高精密的运动控制的定位精度有所提高。

为了协调直线伺服运动控制系统的快速性和高精度这两个相矛盾的性能要求，很多研究提出分段控制思想，将点到点的运动分为高速运动和高精度定位两个阶段。在高速运动阶段，尽可能的充分利用直线电机的加减速性能，而在高精度定位阶段尽量地减少和抑制外界干扰的影响。基于此，上海交通大学的吴建华将 bang - bang 控制用于高速阶段，并利用重复学习法 (iterative learning control，ILC) 调整切换位置，在高精度控制阶段采用滑模变结构控制器，最终实现运动平台 4mm，$3\mu m$ 定位精度的运动时间 27ms。另外，台湾成功大学的刘又闻采用模糊 PI - like 控制器[70]，在长行程时以速度控制来保证系统的动态性能，距离目标点较近时切换为位置控制，利用积分 I 对误差的累积控制达到传感器的最小解析度，对极限精度定位的控制达到稳态零误差。另外还可以利用变结构控制不断变换控制器系统的结构特点，将点位运动控制分为不同的控制阶段，针对每个阶段设计相应的控制器，如 Wang 等采用软变结构控制，文献［71］采用变结构控制和延时控制相结合以期望消除由于协调动静态指标之间的矛盾导致控制的不连续和抖振现象。

为了进一步提高直线伺服控制系统的控制效果，需要考虑对象结构的参数变化等影响，因此提高系统的鲁棒性，尤其是系统模型的不确定性、参数与特性的时变性和系统非线性因素[72]。许多研究提出基于参数辨识的自适应鲁棒控制，集中了自适应控制和确定性鲁棒控制的优势，利用某种参数自适应律不断地调整模型，以期达到一个更为精准的模型[73]。Ning Shu 等通过建立气动伺服系统的非线性模型，并考虑摩擦力的补偿，采用比例控制复合速度和加速度反馈（proportional plus velocity plus acceleration，PVA）、前馈控制（feed forward control，FFC）、死区补偿（dead zone compensation，DZC）的控制策略，并和滑模控制方法（sliding - mode control，SMC）相比，试验结果表明，PVA＋FFC＋DZC 在给定的正弦运动位置跟踪上要优于滑模控制，而在不同负载下，SMC 要优于前者的复合控制[74,75]，在空载模式下，气缸的跟踪误差不超过±0.01mm；在负载的情形下，其整个行程的跟踪误差为 0.51mm。

在面对日益复杂的工业环境和运动场合时，提高系统的抗干扰性能已经成为控制系统必须考虑的问题之一。由中国科学院科学研究所的韩京清研究员提出的自抗扰控制（active disturbance rejection control，ADRC）[76,77]，充分利用现代控制理论的研究成果，同时吸收经典控制理论中基于误差的 PID 控制的思想，采用自抗扰控制能够使控制品质和控制精度有根本性提高，尤其在要求实现高速与高精度运动控制的场合下，即使是在恶劣的工作环境中，依然能够表现出很大的优越性。南京理工大学的施昕昕利用改进型自抗扰控制策略实现了直线电机高精度的轨迹跟踪和点位运动控制，利用参考加速度作为前馈控制量对常规自抗扰控制器加以改进，有效地提高了其轨迹跟踪的精度[78~80]。同时将双积分系统的时间最优控制和扩张状态观测器结合起来，实现了点位行程 8mm，最大速度 1m/s 时，定位误差为 2μm；目标位置 32mm，最大速度 1.6m/s 时，定位误差为 3μm，并有效抑制了换相推力波的影响和外部扰动。

针对电磁直线执行器运动控制系统的多变量、非线性、强耦合等特点，利用逆系统的方法对其进行线性化解耦，状态反馈将非线性系统转换为线性系统，然后利用成熟线性系统的方法和理论进行系统的综合不失为一种更好的选择。刘梁等利用逆系统的方法对电磁驱动配气机构进行分段控制[81~83]，并采用状态观测器来观测系统中无法直接测量的速度、加速度等信号，最终实现由电磁直线执行器驱动的气门控制升程为 8mm 时，过渡时间为 3.8ms，控制精度达 0.04mm。哈尔滨工业大学的徐本洲课题组[84,85]，将逆系统方法应用于电液位置伺服系统，实现了电液位置伺服系统能够较快的跟踪给定信号，系统的响应时间短、超调量小、对系统工作点大范围变化时，依然能够较好的跟踪目标信号，有较强的鲁棒性，并对负载干扰和参数变化有一定的抑制。

随着智能控制的发展和应用，越来越多的复杂运动控制系统中采用智能控制，因其具有推理、决策、学习和记忆等功能，类似于人脑的思维过程，且对控制系统的模型精确度要求较低，因此具有一定的"智能"，模糊控制、神经网络和专家系统是比较典型的智能控制策略。

综合以上流体伺服控制系统的控制方法如图 1.10 所示[86]，对整个系统来讲，主要有两个方向，即是基于模型还是基于数据驱动，是线性还是非线性的控制方法。而针对直接驱动的流体控制阀领域，控制算法集中在对给定轨迹的跟踪，和实现目标的点到点控制。在获得系统的整体模型下，或者通过辨识的方法得到系统的部分参数，经过理论分析等手段获得系统的数学模型，然后寻求相应合适的控制算法，以期达到最终的控制需求[87]。

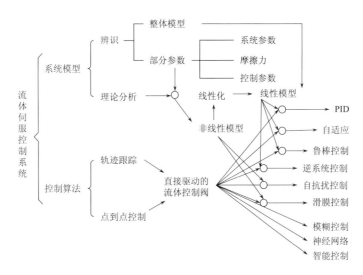

图 1.10　流体伺服控制系统的控制方法综合

1.3　面临的主要挑战

由于采用电磁直线执行器直接驱动的形式，系统中的非线性和不确定因素都直接作用于流体控制阀上。虽然直接驱动在流体控制阀领域具有相当的优势和良好的应用前景，但尚有诸多技术难题。

1. 直接驱动对阀用电—机械转换装置以及运动控制的性能要求

现有的流体控制阀所采用的电—机转换装置，受到体积、线圈发热、能耗等问题的限制和所需要的驱动力、响应时间之间的矛盾，在流量、控制精度、驱动能力方面很难满足应用于单级直接驱动的流体控制阀中，研制出能够应用于流体伺服控制系统的直线电机是亟待解决的问题。与此同时，直接驱动的形式对电—机械转换装置的运动控制也提出了更高的挑战，尤其对于高频响的直接驱动的伺服控制系统尚存在诸多难题：一方面，以直线电机直接驱动阀芯的运行形式，对电机输出力的大小以及平稳性要求更高，而为了获得高响应的性能又要求电机运动部分的动质量尽可能小；另一方面，对于直接驱动的形式，取消了多级的结构，无缓冲和阻尼，使得系统所具有的强非线性和不确定性因素的影响直接耦合到电机上，从而对系统的稳态与动态特性造成影响，因此也给控制带来一定的难度。

2. 阀芯运动规律的精确控制

由于工作介质是流体的控制阀，具有可压缩性、非线性的影响尤其显著，而由于自身结构的一些特性，运动部件的摩擦特性以及控制线圈的滞环特性等因素，也是造成阀芯准确的线性位置难以获得的主要原因。基于观测器的思想不失为一种抑制干扰的选择[88]，孔祥冰等人基于数字观测器设计了比例阀阀芯位移控制系统，抑制干扰的同时具有较高的控制精度[89]。而现代工业对高精度的要求，在要求阀芯的运动能够按照预定的轨迹运动，同时还要能够稳定在固定的升程，并具有一定的时间内快速地达到预定的位置，而理想的控制算法既要能够满足流体伺服控制系统稳态和动态的特性，还要面对实际工作过程中的非线性以及参数摄动等干扰影响，要具有一定的鲁棒性和抗干扰能力。因此开发出高效可行并能适用于工程应用的控制算法也是控制的难点。而在算法的选择上，是采用线性系统还是非线性系统的理论，是基于模型还是基于实验数据驱动等问题也是控制中所要着重考虑的因素。

3. 直线位移的感知和测量

对阀芯位移的检测和控制需要利用位移传感器来实现，进而来进行反馈以构成闭环控制。因此，对于实现流体控制阀的控制特性来说，对直线位移的感知和测量尤为重要，也是影响流体控制阀性能的关键因素之一，而目前阀用的位移传感器主要集中在差动式变压器位移传感器、电涡流式位移传感器和磁阻式位移传感器等。李其朋等[90]针对差动式变压器（linear variable differential transformer，LVDT）在阀用领域的频响不足，影响阀的动态响应，提出一种新型耐高压电涡流位移传感器，尤其适合在高压环境下对阀芯位移或液压缸活塞的位移检测等。直线位移传感器除了应该具有高频响、高精度、抗干扰等特点外，还应该考虑其体积以及价格成本等因素，如精度较高的激光位移传感器，其高昂的价格和成本限制了其在实际中的应用。鉴于流体控制阀的工作环境、安装尺寸、成本和参数的匹配等，宜采用磁阻式位移传感器。而目前国内生产的满足要求的直线位移传感器较少，而国外的传感器成本较高，尤其是常用的差动式变压器频响有限，综合实际使用和各方面的考虑，研制出适合流体控制阀实际行程需求、在满足精度和响应的条件下，成本相对较低的直线位移传感器是一个技术难题。

1.4 本书的主要研究内容与结构

本书以应用电磁直线执行器直接驱动的流体控制阀为研究对象，以气体作为工作介质，并可以拓展到其他流体的控制，以提升流体伺服的控制性能为目标，通过系统方案设计、理论分析、数学建模、仿真计算和试验验证相结合的方法，对电磁直线执行器直接驱动的流体控制阀的控制技术和磁阻式位移传感器等方面进行深入和详细的研究。

第 1 章：绪论。介绍本书研究的背景及意义，表明直接驱动的流体控制阀在流体传动与控制领域的重要性，对提升机电设备的性能和提高流体控制元件的竞争水平的必要性。总结现有阀用电—机械转换装置的研究现状和不足，以及对直接驱动的流体控制阀和现有的控制技术的发展概况，进一步提出直接驱动的流体控制阀所面临的挑战和问题。

第 2 章：电磁直线执行器直接驱动的流体控制阀系统实现。首先，在对直接驱动的流体控制阀系统的功能进行分析的基础上，详细阐述系统的工作原理、结构和性能指标；其次，对系统进行各个组成部分，包含基于 DSP 的系统控制器、功率驱动电路、软件结构、系统执行器以及系统传感器等进行介绍，从整体上搭建系统的框架，为后续的建模仿真研究打下基础。

第 3 章：流体控制阀系统数学模型与仿真分析。主要对直接驱动的流体控制阀系统进行数学建模和仿真，分析系统所包含的电路子系统、机械子系统、磁场子系统和流体子系统相互耦合的系统结构。在对其工作机理研究的基础上，在 Matlab/Simulink 平台下搭建模型并进行仿真分析，对影响系统性能的关键参数进行仿真，主要参数包括电阻、动质量、驱动电压、阀盘直径、供气压力和喷射脉宽进行模拟计算，为控制参数的选取提供理论依据；搭建系统的电流环、位置环双闭环控制模型，进而为电磁直线执行器直接驱动的流体控制阀的性能研究和控制方案奠定基础。

第 4 章：磁阻位移传感器的研究。基于磁阻原理设计一种应用于直接驱动的流体控制阀的磁阻式直线位移传感器，在 Ansoft 软件下建立三维仿真模型，对传感器的偏置磁场进行仿真分析，对布置区域的磁场强度和磁场角度进行仿真模拟，确定合理的布置方案，并针对所使用的环境带来的电磁干扰等问题进行深入分析，提出一种差动式双磁阻位移传感器的方案，以减少由干扰引起的传感器精度下降等问题，并搭建试验测试平台，对所设计的传感器进行静态和动态的测试，验证方案的可行性并测试所设计的传感器的性能。

第 5 章：直接驱动的流体控制阀连续升程控制研究。在研究系统机理的基础上，提出直接驱动的流体控制阀的连续控制的总体方案，采用逆系统和 PI 控制相结合的控制策略，首先在直接驱动的流体控制阀的系统方程组的基础上，分析求解到逆系统和伪线性系统，进而利用线性系统的状态反馈的方法，设计出逆系统的输出控制量。然后再设计 PI 控制，利用误差的累积乘以一个增益值后的控制量，构成前馈补偿，将其输出和逆系统的输出组成新的控制量共同作用于控制系统，并采用模糊切换规则实现两种控制算法的自动切换；另外对控制算法进行了改进，增加过渡过程；为了适应不同升程对参数的需求，采用增益调度的控制算法，利用不同的增益系数调节以提高控制的精度。最后将设计的控制器集成到系统仿真模型和 DSP 控制器的系统软件中，进行仿真和试验研究。

第 6 章：直接驱动的流体控制阀的无模型自适应控制。应用一种基于全格式动态线性化的无模型自适应控制策略，建立能够不依赖系统参数的非线性数学模型，通过特征变量的辨识算法和控制算法的在线交互进行实现对直接驱动的流体控制阀的自适应控制。在 Matlab/Simulink 下建立系统的数学模型，通过仿真模拟验证算法的可行性，并仿真计算存在干扰和负载力下的系统响应，证明算法具有较好的鲁棒性和抗干扰能力。最后搭建试验测试平台，试验结果表明，算法能够自适应伺服阀 0～4mm 不同升程而不需要改变控制参数，且响应时间在 10ms 以内，稳态误差小于 0.03mm，具有较高的响应速度和控制精度。

第 7 章：总结与展望。对本书的主要研究成果进行总结，并对后续的相关研究工作进行展望。

第 2 章 电磁直线执行器直接驱动的流体控制阀系统实现

高性能的直接驱动的流体控制阀系统为了实现流量和压力参量的调控，应能够连续控制阀的升程，实现点到点的运动，升程内任意位置的保持以及给定轨迹的跟踪等，同时具有一定的精度和快速且准确的响应。针对目前直接驱动的流体控制阀多采用电磁铁或一些新型材料等作为电—机械转换部分，造成响应不够或者升程比较短、流量较小、功能单一与控制性能差等问题。

本章提出了基于电磁直线执行器直接驱动的流体控制阀的系统方案，详细描述了该方案的原理、功能以及性能上的优势，该方案可以根据实际需求按照开关阀模式和伺服阀模式进行工作，能够实现高响应和高精度的流体流量与压力等参数的调节。直接驱动技术的实现，也相应地加大了控制的难度，因此对控制系统也有更高的要求。

本章采用集成化的设计思想实现了流体控制阀系统的总体框架设计，将整个系统分为系统控制器、系统执行器和系统传感器等模块。根据系统的功能要求，控制器模块选用高性能 DSP 和相应的功率驱动电路，并研制了控制系统的软、硬件平台；系统执行器采用课题组自行设计的电磁直线执行器，对电磁直线执行器的原理和性能进行分析；系统传感器针对流体控制阀系统的需求，对电流传感器、位移传感器、流量传感器等进行了选型，为后续开展相关的深入研究打下基础。

2.1 系统功能分析与结构

电磁直线执行器直接驱动的流体控制阀系统实质上属于直线位置伺服控制，直接驱动的方式取消了传统的多级结构，简化了系统的结构，从而克服了多级伺服控制阀的缺陷，提高了系统的抗污染能力和可靠性，具有重量轻、体积小、内漏小、成本低和功耗小等优势，同时，单级直接驱动的方式使得系统具有良好的动、静态性能。与其他直接驱动的流体控制阀系统相比，采用电磁直线执行器作为电—机械转换装置的直接驱动的流体控制阀系统具有以下的特点：

（1）采用电磁直线执行器直接驱动菌形阀，取消了前置放大级和传动转换装置，具有运行可靠、结构紧凑等优点。

（2）电磁直线执行器具有高精度、驱动力线性度好、行程大以及响应高等优势，从而提高了阀芯运动的性能。

（3）直接驱动的流体控制阀系统能够连续控制阀的升程，既可以实现点到点的运动，也可以实现任意位置的保持和给定轨迹的跟踪等功能。

（4）能够通过上位机发送控制指令对阀进行控制。上位机软件能够实时在线调节阀的启动、停止以及保存阀运动过程中的升程和电流等相关参数信息的功能。

（5）系统具有较强的鲁棒性和抗干扰能力，有较高的控制精度和响应速度，能够自适应不同的升程，输出流量和压力能连续可调等功能。

2.1.1 系统功能

电磁直线执行器直接驱动的流体控制阀系统能够实现高响应和高精度的流体流量与压力等参数的调节，可以根据实际需求按开关阀模式和伺服阀模式工作。

1. 开关阀模式

在可变的工作周期以内，能够实现定时开启并保持给定时间后关闭。与传统的电磁铁驱动的开关阀相比，增加了落座的速度控制以避免产生较大的撞击。主要用作发动机气体燃料喷射阀，通常采用多点顺序间歇喷射方式，根据发动机工况对喷射阀的运动规律进行实时、准确和独立的控制，从而实现对气体燃料喷射量的精准控制[91]。

2. 伺服阀模式

实现最大升程范围内的升程连续可调并在任意位置精确定位。与其他直接驱动的伺服阀相比，具有结构简单和大流量的特点。主要用于燃气调节系统中的高温燃气伺服阀，其需要具有快速响应和高精度定位性能需求的高压、大流量调节阀，能够根据实际需要快速有效地对燃气的流量进行连续调节。

因此针对以上的两种的功能需求和应用场合，电磁直线执行器直接驱动的流体控制阀系统具备复合的工作模式。在开关阀工作模式下，通常为固定升程，气体燃料的喷射量与控制阀保持在最大升程的时间或喷射脉宽相关；而在伺服阀模式下，需要根据实际的需求对气体流量实时地调节，控制阀的升程能够连续可调，在工作升程内从任意起点到任意终点。在两种工作模式下，都要具有高响应和高精度，同时为了控制阀的可靠性和使用寿命，要控制落座时的速度以防产生大的撞击，另外系统还应有抗干扰的能力和自适应性。

2.1.2 系统结构与工作原理

良好的系统结构是实现直接驱动的流体控制阀系统高性能的前提和保障，各部分器件的合理选型和应用，在保证能够充分发挥系统性能的前提下还应考虑成本等因素。采用集成化设计的思想，把整个流体控制阀系统分为微控制器、驱动电路、执行器、传感器以及信号处理电路等。

电磁直线执行器直接驱动的流体控制阀系统的结构如图 2.1 所示，主要由系统控制器、系统执行器、系统传感器、系统输出显示和气动部分组成。系统控制器主要包含微控制器和功率驱动电路，DSP 因其高速的计算处理能力和丰富的外设，成为工业运动控制中选用的主流之一，也是本书采用的控制器；系统执行器为课题组自行研制的高性能电磁直线执行器；系统传感器包含电流传感器、位移传感器和流量传感器等；系统输出显示部分主要包含上位机和相关的软件；气动部分包含气源和减压阀，为系统提供稳定持续的压缩气体以实现气动部分的试验测试等功能。

其工作原理是：系统控制器主要完成对各路传感器信号的采集和控制信号的输出，同时完成和上位机之间的通信，通过相应的软件设计，实现各种控制算法的功能，控制器输出的小功率信号通过功率驱动模块进行放大，对大功率信号进行控制；电磁直线执行器作

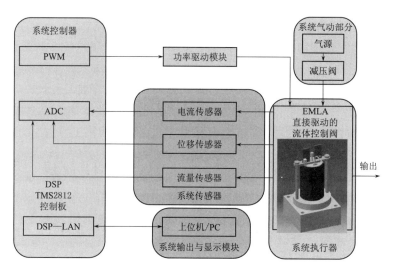

图 2.1　系统结构框图

为驱动菌形阀片的执行机构，通过控制执行器的电流和位置实现双闭环控制阀芯的运动，从而控制和阀芯连接在一起的菌形阀的升程，进而控制通过直接驱动的流体控制阀的气体的流量、压力等参量，通过流量传感器测量实际流量；系统气动部分负责提供气源，通过减压阀对系统供气压力的控制；上位机部分完成输出与显示以及对最终输出数据的存盘和处理。

2.1.3　系统性能要求

针对电磁直线执行器直接驱动的流体控制阀的应用场合和工作模式，根据其特点和功能需求，系统主要设计要求见表 2.1。

表 2.1　　　　　　　　　　　　　　系统主要设计要求

参数	额定流量	工作压力	阀芯升程	阀芯定位精度	响应
要求	>40L/min	>0.2MPa	0~4mm 连续可调	<20μm	<10ms

2.2　系　统　控　制　器

高性能的控制器是实现控制系统的可靠保障和前提。直接驱动的流体控制阀系统具有非线性强、阻尼小、刚度低等特点，对阀升程的精准控制也是控制的难点之一。为了解决这些困难，需要采用先进且复杂的控制算法，完成大量的运算，因此对控制器也提出较高的要求。控制器要有强大的信号处理能力来处理复杂的运算过程，要具备大的存储容量，同时还要有前向通道和后向通道的 A/D 和 D/A 转换能力、稳定的性能以及上下位机之间的通信能力。

2.2.1　微控制器选型

得益于现代电子技术的飞速发展，微控制器的种类也越来越繁多，目前用于控制系统的控制器的类型主要有单片机、ARM（advanced risc machines）和 DSP（digital signal processor）等。其中单片机受限于其有限的控制能力，采用数模混合的控制方式，以及运算速度不够高等缺点，因此在电磁直线执行器直接驱动的流体控制阀系统中不予考虑。

ARM 是一款以精简指令集（RISC）为体系结构的微处理器，本身是 32 位设计，但也配备了 16 位指令系统。ARM 处理器具有功能强耗电少、16 位/32 位双指令集和合作开发商众多等特点，其精简指令集可以在特定应用中精简代码，提高系统效率等优势。内部大量使用寄存器，可用加载/存储指令批量传输数据，使得指令执行速度更快。DSP 具有较强的数字信号处理能力，具有独立的数据和程序存储空间，运行同时存取程序和数据，具有更快的运算速度，同时有快速的中断处理和硬件 I/O 支持，此外方便扩展构成多 DSP 以及和专用集成电路或 FPGA 等形式，在工业应用得到越来越多的关注。

相比而言，DSP 具有强大的计算及快速的信号处理能力，而且以 TI 公司 TMS320C2000 系列为电机控制专用 DSP，并且集成了电机控制专用的外设模块，在控制能力、开发周期和可移植性方面更胜于其他微控制器，因此选用 TMS320F2812 作为本书的微控制器，以满足系统对精准性和高响应的要求。

TMS320F2812 是 32 位定点数字信号处理器，是应用于工业控制领域的低价格与高性能的先进处理器之一。其系统时钟频率为 150MHz，指令周期最短达到 6.67ns，能够在控制系统中满足实时性的要求。该处理器集成了事件管理器、Flash 存储器、高速 A/D 转换器、增强型 CAN 模块、正交编码接口和多通道缓冲串口等外设。此外还提供了浮点数学函数库，能够进行浮点运算，为直接驱动的流体控制阀的控制提供高性能的解决方案[92]。

基于高速 TMS320F2812 的 DSP 控制器通过 JTAG 口连接仿真器和上位机，在上位机的 CCS 编程软件下基于 C/C++开发，进行 DSP 程序代码的编写、调试以及程序的下载与烧录等。同时以太网控制器 CS8900A 扩展的以太网接口，实现 DSP 和上位机之间的通信，利用开发的控制界面，可以实现上位机和控制程序中的参数以及采集数据进行互传，从而实时的对控制参数进行调整和对采集的数据进行输出、显示和处理。控制器还包含了两个方便对电机控制的事件管理器——EVA 和 EVB，每个事件管理器都包含了定时器、比较器、捕捉单元、PWM 模块、正交编码脉冲电路以及中断逻辑电路等。此外，控制器还集成两片 AD7566 的 16 位 A/D 转换器，可以实现 12 路 ±10V 模拟信号的输入，从而方便于各路传感器的信号输入到控制器，并利用通用的 GPIO 口采集相关的开关控制量和输出指示灯的控制信号。

2.2.2 功率驱动电路设计

功率变换电路是整个功率驱动器的核心部件之一，系统的控制规律都是通过功率变换电路来实现的。功率变换电路的主要功能是根据控制指令，将直流电源提供的电能转变为电磁直线执行器的线圈电流，以产生所需的电磁驱动力。功率驱动电路包括驱动板和 H 桥逆变电路组成，由 DSP 输出的 PWM 信号需要放大之后才能驱动功率开关器件。本书选用 TX－DA841HD4 四单元驱动板，最大工作频率为 60kHz，自带 DC/DC 辅助电源，短路时启动软关断保护并封锁 PWM 信号，可靠性较好，工作模式可以选择无死区控制全桥模式或普通全桥模式。使用无死区全桥模式控制时，上下两个 MOSFET 同时导通，可以用于电流型全桥电路的驱动。

　　功率变换主电路采用电流控制电压型 H 桥变换器。该系统需要执行器驱动阀芯往复运动，因此需采用可逆 PWM 控制方式。H 桥可逆 PWM 控制方式可分为三种模式，分别为双极性、单极性和受限单极性。后两种通常用于大功率系统，双极性模式具有电流连续和低速平稳性的优点，更有助于阀芯的稳定运动，因此选用双极性可逆 PWM 模式。

　　H 型双极性可逆模式 PWM 控制一般由 4 个大功率可控开关管（$V_1 \sim V_4$）和 4 个续流二极管（$V_{D1} \sim V_{D4}$）组成 H 桥式电路。4 个大功率可控开关管分为 2 组，V_1 和 V_4 为一组，V_2 和 V_3 为一组。同一组的两个大功率可控开关管同时导通，同时关闭，两组交替轮流导通和关闭，即驱动信号 $U_{i1} = U_{i4}$，$U_{i2} = U_{i3} = -U_{i1}$，执行器线圈电流的方向在一个调宽波周期中依次按图 2.2 中方向 1、2、3、4 变化。由于允许电流反向，所以 H 型双极模式 PWM 控制工作时执行器电流始终是连续的。

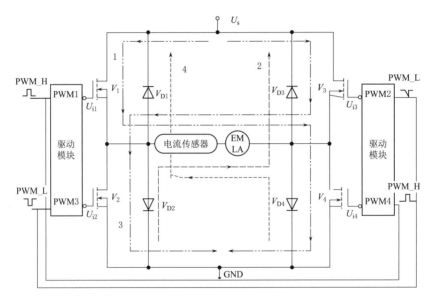

图 2.2　功率变换电路结构图

2.2.3　系统软件结构设计

　　直接驱动的流体控制阀系统软件分上位机软件和下位机 DSP 控制软件。控制系统通过上位机发送控制指令给下位机 DSP 对直接驱动的流体控制阀进行控制，下位机向上位机发送系统运行状态变量。上位机和下位机通信基于 TCP/IP 协议，并且采用 WinPcap 公共网络访问系统，只需编写应用层协议，缩短了开发时间。

　　下位机 DSP 控制软件流程图如图 2.3 所示，控制程序主要分为上电自检程序、系统主程序、中断服务子程序和通信-输出-显示程序几个部分组成，由相应的子程序完成。上电自检程序负责在主程序运行之前对整个系统的检查，包括 DSP、各个传感器的信号的是否工作正常。主程序主要是对系统的初始化，包括变量的定义、赋值、DSP 内部寄存器的状态设置等。中断服务程序主要完成对变量的标定与初步计算、工作模式的选择和对变量的采集和响应。通信-输出-显示程序主要是为了上、下位机之间的通讯以及在上位机的显示和存储数据的功能。

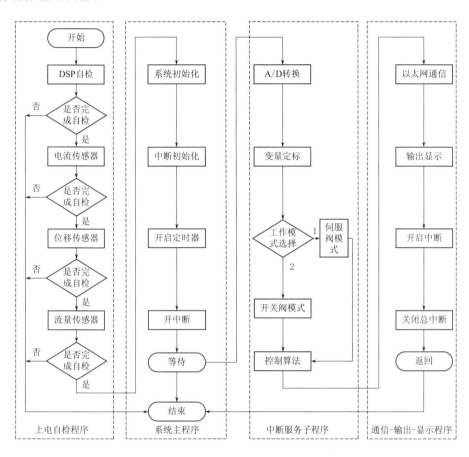

图 2.3　下位机 DSP 控制软件流程图

上位机软件的基本功能如图 2.4 所示，包括发送设置参数到设备以及接收下位机数据，其功能都是基于上、之间的发送与接收；数据的处理与存储，主要包括界面控件设置以及对重要数据进行存储等。

上位机控制软件采用模块化程序设计方法开发。开发系统采用 Windows 操作系统，并且采用 Microsoft Visual C++6.0 编写上位机控制软件。该控制软件是一个基于对话框的应用程序，并且在对话框上添加按钮控件、列表框等。通过界面设置系统参数，实现接收从下位机传输数据并保存数据的功能，并且利用 WinPcap 通过以太网下载至 DSP 控制器中，实现参数的实时调控。

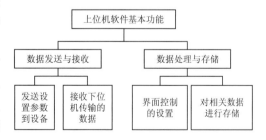

图 2.4　上位机软件的基本功能

2.3　系　统　执　行　器

2.3.1　执行器结构与工作原理

执行器作为直接驱动的流体控制阀的核心部件,用于驱动阀盘的往复运动,实现阀的

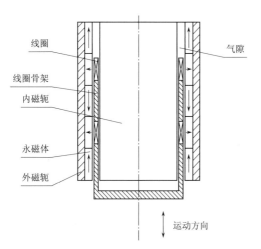

图 2.5　动圈式电磁直线执行器的结构简图

开启与关闭。系统所使用的执行器为高性能电磁直线执行器,是一种将电能直接转换成直线运动形式的机械能而不需要通过任何的中间转换装置的元件,又称为"直线伺服电机"。通常按运动部件分为动圈式和动磁式两种,两种结构的电磁直线执行器工作原理相同,均是通过磁场和载流线圈相互作用产生电磁力,从而使动子产生直线运动,只是运动部件不同而已。动圈式运动部件为电磁线圈绕组,动磁式运动部件为永磁体。本书采用的动圈式电磁直线执行器的结构简图如图 2.5 所示,由线圈组、线圈组骨架、内磁轭、外磁轭以及永磁体组成[93]。

其工作原理是:在运动方向上交替采用不同磁化方向的高性能永磁材料的永磁体,采用 Halbach 阵列并优化设计参数来增强气隙磁场以及特殊的电磁线圈布置来改善电枢反应。线圈由固定在线圈骨架上的正向绕组和反向绕组构成,并在气隙内实现往复运动,通过控制系统的电流大小和方向来实现所需的运动规律,且驱动力与控制电流成正比例关系而与位置无关。电磁直线执行器可以作为各类自动控制系统中的执行元件,且具有结构紧凑,功率密度大,驱动力大以及控制精度高的特点。相比较其他常规的音圈直线电机在驱动力、行程等性能上均有较大提升,理论上可满足任意驱动力和工作行程。

2.3.2　执行器性能

电磁直线执行器的技术特点主要有:

(1) 能够作为各类自动控制系统中的执行元件,而且在对执行元件的体积和质量方面有比较苛刻的要求下,相对其他类型的执行器,电磁直线执行器能够以较小的体积和质量提供较大的驱动力和精准度,实现各类直线运动的直接驱动。

(2) 有效发挥直接驱动的优势,即降低执行机构运动惯量、简化中间传动环节,且在整个运动行程上能够保持电流与驱动力成一定的正比例关系,响应速度快。

(3) 可以根据实际需要的作用力、行程以及对控制规律的具体要求设计合适的电磁直线执行器,对最大的驱动力和最大行程均无限制。

(4) 无自锁功能,不适应于长时间大负载保持在某一特定位置,相对其他同样体积、质量的执行器,较短的最大行程可得到更好的性能。

基于以上特点，充分发挥电磁直线执行器直接驱动的优势，在本书中采用电磁直线执行器来驱动阀盘，与阀盘直接相连，执行器所产生的电磁推力除了要克服运动副间的摩擦阻力，还要克服在阀盘上的气体背压力，以及克服运动过程中的惯性力和黏滞摩擦阻力等。因此，对执行器的要求不仅要具备足够大的驱动力，要有较好的电磁力特性和控制性能，还要有较小的机电时间常数，以保证执行器驱动阀开启和关闭的快速响应。此外还应有一定的体积要求，以便于在应用范围内的安装。

电磁直线执行器的时间常数是其动态性能的重要指标，主要包括电气时间常数和机电时间常数，由于执行器线圈电感的存在，当给执行器加载驱动电压时，电流并不能随之瞬间变化，通常采用电气时间常数 τ_e 来反映线圈电流随电压变化的快慢程度，用线圈电感与电阻的比值来表示，通过实际测试出线圈电感为 1.6mH，电阻值为 4Ω，因此所采用的电磁直线执行器的电气时间常数为

$$\tau_e = L/R = 0.4(\text{m/s}) \tag{2.1}$$

式中：τ_e 为电气时间常数；L 为电磁直线执行器的线圈电感；R 电磁直线执行器的线圈电阻。

当线圈加载电流产生驱动力时，由于运动部件的惯量作用，其运动速度并不能瞬间建立，电磁直线执行器的电磁力变化时，运动部件的速度随之变化的快慢程度通常用机电时间常数 τ_m 来衡量，电磁直线执行器的机电时间常数为

$$\tau_m = mR/k_m^2 = 1.1(\text{m/s}) \tag{2.2}$$

式中：τ_m 为机电时间常数；m 为电磁直线执行器运动部件的动质量；R 为电磁直线执行器的线圈电阻；k_m 为电磁直线执行器的驱动力常数。

综上所述，本书所采用的电磁直线执行器的性能参数见表 2.2。

表 2.2　　　　　　　　　　执 行 器 的 性 能 参 数

参　数	数　值	参　数	数　值
行程/mm	0～4	机电时间常数/ms	1.1
电气时间常数/ms	0.4	驱动力常数/(N/A)	11.3

执行器的输出线性是驱动控制阀的前提，在前期研究的基础上，对所采用的电磁直线执行器进行静态测试，以验证其性能是否满足驱动阀的需求。理论上电磁直线执行器的作用力与驱动电流成正比例关系，对执行器的驱动力—驱动电流特性进行的测试结果如图 2.6 所示。

在给定的电流驱动下，从 2A 到 18A，每隔 2A 逐级递增，从图 2.6 可以看出，输出的驱动力和电流呈现良好的线性，且和设计的理论值吻合度较好。执行器的驱动力-电流常数为 11.3N/A。

2.3.3　直接驱动的流体控制阀的结构与工作原理

图 2.7 为直接驱动的流体控制阀的结构示意图和三维模型，主要有位移传感器、磁钢、电磁直线执行器、菌形阀、阀座、阀体上盖固定在中心轴心上，阀体一侧设有与外部气体供给管路相连接的流体进口。

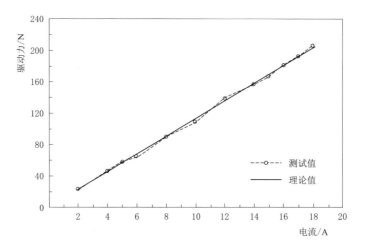

图 2.6　电磁直线执行器的驱动力-电流特性

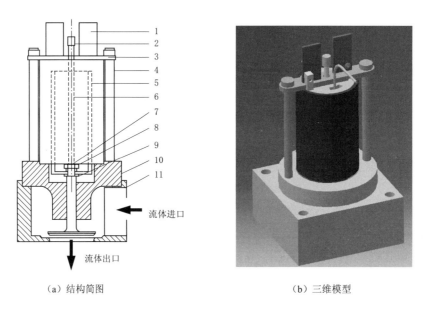

（a）结构简图　　　　　　　　（b）三维模型

图 2.7　直接驱动的流体控制阀的结构示意图和三维模型

1—位移传感器；2—传感器磁钢；3—压紧板；4—螺钉；5—运动部件；6—连接杆；
7—菌型阀盘；8—螺母；9—垫片；10—阀体上盖；11—阀体

其工作原理是：电磁直线执行器作为驱动菌形阀片的执行机构，通过控制执行器的电流和位置实现双闭环控制阀芯的运动，从而控制和阀芯连接在一起的菌形阀的升程，进而实现阀的流量控制。当需要阀开启或增加升程时，电磁直线执行器加载正向电流，运动部分驱动阀盘运动达到所需升程，随即保持在该位置，当需要关闭或降低升程时，电磁直线执行器给一相反的驱动电流，运动到相应的位置。在开关阀工作模式下，通过阀口的流体流量和保持某一升程的时间或脉冲喷射的占空比都可以根据需要实时调节。在伺服阀工作模式下，可以通过控制阀的升程大小，实现连续流量的可调与输出。

在小流量的直接驱动的流体控制阀系统中，大多数采用的为针阀或者球阀的形式。为了满足系统对大流量的需求，本书采用流通面积较大的菌形阀结构，其阀口的结构如图2.8所示。在课题组前期工作的基础上，通过计算流体力学方法对阀口的流动情况进行了相关的估算，直驱式控制阀的技术参数见表2.3。

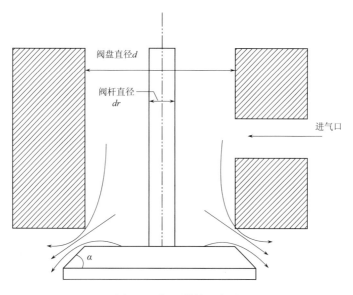

图 2.8　阀口结构示意图

表 2.3 直驱式控制阀的技术参数

参　数	数值	参　数	数值
阀盘直径/mm	24	阀芯升程/mm	4
阀盘锥角/(°)	45	动质量/kg	0.049
阀杆直径/mm	6		

2.4　系　统　传　感　器

系统传感器是实现系统控制性能的必要条件，在直接驱动的流体控制阀系统中，传感器主要用于两类用途：

（1）实际系统用的传感器。在控制系统中需要对参量进行监测、采集，反馈给控制算法，以实现控制目标。在实际的控制系统中需要对阀芯的位置进行监测，同时还需要对控制电流进行反馈闭环控制，因此所设计的位移传感器和选用的电流传感器为实际系统传感器。

（2）标定和测试传感器。需要对一些参量进行测试以验证算法的有效性，这一类传感器并不实际参与到控制系统中，在系统中需要对阀的输出流量进行测量，因此需要选用流量传感器，同时要对所设计的位移传感器进行标定，宜选用激光位移传感器。此外还有气体压力表等均属于标定和测试传感器。

2.4.1　电流传感器

系统采用的电流传感器为 KEN 公司生产的型号为 TBC‐10SY/SYW 双环系列闭环霍尔电流传感器，其初、次级之间是绝缘的，具有超强抗干扰能力；用于测量直流、交流和脉动电流，在直接驱动的流体控制阀系统中用于监测执行器线圈的电流，并反馈给控制系统。其主要技术参数见表 2.4。

表 2.4　　　　　　　　　　　电流传感器的技术参数

参　数	数　值	参　数	数　值
电源电压/V	±15V±5%	零电流失调/mV	±20
测量电流范围/A	±30	响应时间/μs	<1
额定输出电压/V	±4±0.5%	工作温度/℃	−40～150
线性度/%	≤0.1		

2.4.2　直线位移传感器

1. 直线位移传感器的分类

目前所使用的直线位移传感器分别有各自的优势和缺陷，从结构形式上可以分为接触式和非接触式。接触式因在检测时与运动部件相接触，长期使用过程中会因疲劳产生断裂、变形、接触不良等情形，所以非接触式成为研究的热点之一。按照其工作原理上可以分为电感式、电容式、电阻式、光学式和磁阻式[94]。

（1）电感式。主要是由产生交变磁场的激磁线圈和位于交变磁场中具有导电性的被测物所组成，基于楞次定律检测磁通量的变化来实现位置的检测，如图 2.9（a）所示。

（2）电容式。其原理是以理想化并行平板电容为基础，由感测器及被测物的反面构成两个平板电极，当电极间的间隙改变时，电容值也随之改变，测量原理如图 2.9（b）所示。

（3）电阻式。一般分为直线式和旋转式，通常使用为电位计的形式，其主要是可变电阻的结构在两端上施加电压，碳刷在不同位置时输出不同的电压，电压值与位置量呈线性关系，如图 2.9（c）所示。

（4）光学式。利用可视红光半导体镭射发射信号采用激光三角原理或回波分析原理，当被测物体位置发生改变时，反射信号就由 CCD 测出，如图 2.9（d）所示。

（5）磁阻式。基于磁阻效应，当传感器的偏置磁场达到饱和后，只与磁场角度有关，输出和角度变化有关的电压量，从而可以测出位置。

2. 直线位移传感器的性能对比

电容式和电感式位移传感器具有很好的分辨率，但其精度很容易受加工质量以及被测对象的形状和材料的影响，且对环境的温度和湿度比较敏感；超声波和激光位移传感器一般能够满足较大行程的位移测试需求，但是设备体积庞大，成本较高，应用场合受到限制；电阻式传感器精度偏低，耐磨性较差，且线性度和分辨率都较低，体积也较大，应用不便；电涡流式位移传感器具有较高的频响和分辨率，但需要持续的激励信号且后处理电路复杂；差动变压器式线性度较好，结构简单但是频响较低，不适合快速动态测量。而基

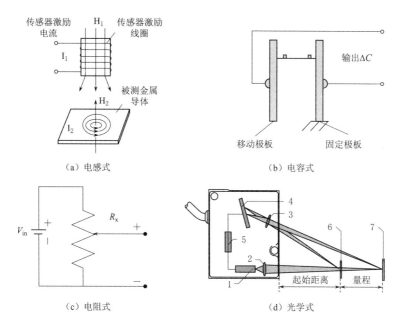

图 2.9　直线位移传感器原理

1—半导体激光器；2—镜片；3—镜片；4—CCD 阵列；5—信号处理器；6—被测物体 a；7—被测物体 b

于磁阻效应的位移传感器具有低廉的生产成本，同时又能有良好的精度和分辨率，即使在苛刻的工作环境下，对冲击、振动和湿度变化等不敏感，从实际应用角度来说，具有独特的优势。各类直线位移传感器的性能对比见表 2.5。

表 2.5　　　　　　　　　各类直线位移传感器的性能对比分析

传感器分类	电感式	电容式	电阻式	光学式	磁阻式
工作温度/℃	150	200	105	80	150
测量范围/mm	＞1000	80	＞1000	＞500	12.5
线性度/%	±0.25	±0.2	±1	±0.1	±0.2
分辨率/%	±0.005	±0.004	±0.05	±0.02	±0.01
采样频率/kHz	25	25	10	1~10	25
价格	中	中	中	高	低

3. 直线位移传感器的选用

　　直接驱动的流体控制阀系统对位移传感器的技术要求通常包括高精度、高灵敏度、高频响、良好的线性度、体积小和成本低等，因此直线位移传感器的选用需要对比不同形式的位移传感器，选用或者设计合适的传感器。直接驱动的流体控制阀系统需要检测和控制阀的开启和关闭状态，因此需要位移传感器提供反馈信号给控制器，且位移传感器的性能直接关系到控制的效果。在本书研究中，为了达到系统对高精度和低成本的直线位移测试需求，同时为了方便系统集成并兼顾系统对安装空间的要求，系统选用自行设计的磁阻式位移传感器，具体的实现过程在本书第 4 章进行详细介绍。同时为了验证所设计的传感器的性能，需要精度更高的位移传感器和所设计的磁阻式位移传感器进行标定、对比等，因此选用 Keyence 公司的 LK‑G85 激光位移传感器，其主要技术参数见表 2.6。

表 2.6　　　　　　　　　　　　激光位移传感器的主要技术参数

参　数	数值	参　数	数值
电源电压/V	24	线性度/%	0.05
测量范围/mm	100	重复精度/μm	0.2
额定输出电压/V	±10	采样频率/kHz	20

2.4.3　流量传感器

直接驱动的流体控制阀系统需要对实际的输出流量进行测量，在系统调试中使用流量传感器以验证算法的可行性。因此系统流量传感器选用涡街式流量计，型号为 KQ‑LUGB‑2101ZCE，其主要技术参数如表 2.7 所示。

表 2.7　　　　　　　　　　　　涡街式流量计的主要技术参数

参　数	数值	参　数	数值
供电电压/V	24	线性度/%	≤1.5
测量范围/(m³/h)	3.5～25	重复精度/%	0.5
额定输出电流/A	4～20	公称压力/MPa	4

2.5　本　章　小　结

针对传统电—机械转换装置存在的一些问题，本章提出一种应用电磁直线执行器直接驱动的流体控制阀的方案。利用直接驱动的各种优势，在分析系统的功能和性能的基础上，描述了系统的方案原理；针对直接驱动的流体控制阀的两种工作模式，设计了系统的总体框架，并提出系统的主要设计指标；选用高性能的数字控制器和功率驱动电路，研制了相应的控制系统软、硬件平台；详细地介绍了系统执行器的结构与工作原理，并对系统所使用的传感器、电流传感器、位移传感器以及流量传感器进行选型。最终确定系统的总体方案，为后续的研究打下了基础。

第 3 章　流体控制阀系统数学模型与仿真分析

应用电磁直线执行器直接驱动的流体控制阀系统是一个由电路、磁场、机械和流体相互耦合的系统,因此在分析其工作机理的基础上,建立整个系统的数学模型,并在 Matlab/Simulink 下进行仿真分析,通过系统仿真对影响系统性能的关键参数进行仿真计算,包括动质量、执行器的线圈电阻、驱动电压、阀盘直径、供气压力和喷射脉宽等,为后期的控制参数的选取和调节提供理论依据。通过搭建系统的电流环和位置环双闭环控制模型建立仿真平台,为后续深入研究电磁直线执行器直接驱动的流体控制阀的性能和控制方法奠定基础。为了进一步研究直接驱动的流体控制阀系统在实际工作条件下的阀内部流动情况,以及系统的输出流量和升程与供气压力之间的关系,对直接驱动的流体控制阀的稳态流场进行了仿真,并建立试验测试台,以通过试验验证仿真模型的准确性,探明了流量与控制阀升程的定量关系,为进一步通过控制阀升程来实现气体流量的实时调节打下基础。

3.1　系　统　基　本　模　型

电磁直线执行器直接驱动的流体控制阀系统是由电路子系统、磁场子系统、机械子系统和流体子系统组成,各子系统之间的耦合关系如图 3.1 所示[95]。当电源系统向电路子系统供电时,电路子系统输出电流至磁场子系统,通过电流与磁场的相互作用产生电磁力并传递至机械子系统,驱动执行器直动部分克服外部阻力产生运动,并将运动速度传递至电路子系统用于反电动势的计算,执行器直动部分驱动流体子系统的阀盘,克服流体产生的阻力等,通过流体子系统的孔口流动,最终实现对流量的输出。

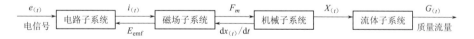

图 3.1　控制系统各子系统的耦合关系

3.1.1　电路子系统

电路子系统是将输入电磁直线执行器线圈的电压转换为电流,其可以等效为电阻、电感的串联,电磁线圈在气隙磁场中运动时,会产生反电动势。应用基尔霍夫方程可知,线圈电压平衡方程为

$$U_{in} = Ri + L\frac{di}{dt} + E_{emf} \tag{3.1}$$

27

其中 $$E_{\mathrm{emf}} = BlNv = K_{\mathrm{e}}v \tag{3.2}$$

式中：U_{in} 为电源电压，V；i 为通过线圈的电流，A；R 和 L 分别为线圈电阻和电感，Ω，mH；E_{emf} 为线圈在气隙磁场中运动时切割磁力线产生的反电动势，V；K_{e} 为反电动势常数；v 为线圈运动速度，m/s；l 为线圈长度，m；B 为气隙磁感应强度，Wb/m^2；N 为线圈匝数。

3.1.2　磁场子系统

磁场子系统是将电路子系统产生的电流和磁场相互作用，产生电磁力，进而实现动子的直线运动，因此流体控制阀的阀芯运动的驱动力来自载流线圈在气隙磁场中受到的洛伦兹力，根据通电线圈在磁场中受到洛伦兹力可知，电磁直线执行器电磁力方程为

$$F_m = k_b B_\delta lNi = k_m i \tag{3.3}$$

式中：k_b 为结构系数；B_δ 为线圈磁感应强度，Wb/m^2；l 为每匝线圈磁场中有效长度，m；k_m 为电磁直线执行器驱动力常数，$k_m = k_b B_\delta lN$，代表电磁力和线圈电流之比，N/A。

3.1.3　机械子系统

电磁直线执行器在运行过程中要克服摩擦力和运动过程中惯性力，惯性力为电磁直线执行器运动部件的质量与加速度的乘积，此外还有负载力。因此电磁直线执行器力平衡方程可以表示为

$$F_m = m\frac{\mathrm{d}^2 x}{\mathrm{d}t^2} + k_v \frac{\mathrm{d}x}{\mathrm{d}t} + F_L \tag{3.4}$$

式中：F_m 为电磁力，N；m 为电磁直线执行器线圈组件的质量，kg；x 为动子的位移，m；k_v 为运动部件在磁场中所受的阻尼力系数，N·s/m；F_L 为负载力，N。

综合电压平衡方程式（3.1）、电磁力方程式（3.3）、力平衡方程式（3.4）得到电磁直线执行器的运动方程组

$$\begin{cases} U_{\mathrm{in}} = Ri + L\dfrac{\mathrm{d}i}{\mathrm{d}t} + E_{\mathrm{emf}} \\[2mm] F_m = k_b B_\delta lNi = k_m i \\[2mm] F_m = m\dfrac{\mathrm{d}^2 x}{\mathrm{d}t^2} + k_v \dfrac{\mathrm{d}x}{\mathrm{d}t} + F_L \end{cases} \tag{3.5}$$

3.1.4　流体子系统

流体子系统是电磁直线执行器的直线运动驱动阀盘的运动，为简化计算过程，现假设阀内部的流体是均匀的理想气体，忽略任何泄漏、散热以及流动损失，并且假设流进、流出过程均为准稳态流动[96]。则在直接驱动的流体控制阀的工作过程中，气腔内气体质量的变化满足质量守恒微分方程

$$\frac{\mathrm{d}m_{\mathrm{g}}}{\mathrm{d}S} = \frac{\mathrm{d}m_{\mathrm{in}}}{\mathrm{d}S} - \frac{\mathrm{d}m_{\mathrm{out}}}{\mathrm{d}S} \tag{3.6}$$

式中：m_{g} 为气阀内部的气体质量，kg；m_{in} 为通过进气阀流入的气体质量，kg；m_{out} 为通过阀口流出的气体质量，kg；S 为阀芯升程，m。

流体控制阀开启瞬时流通截面积为

$$f = \pi(d + S\sin\theta\cos\theta)S\cos\theta \tag{3.7}$$

式中：f 为瞬时流通截面积，m^2；d 为阀盘直径，m；S 为阀芯升程，m；θ 为阀盘锥角，(°)。

流过气阀的气体质量流量为

$$G = \int \mu f \varphi_{12} \sqrt{P_1/v_1}\, \mathrm{d}t \tag{3.8}$$

当 $\dfrac{P_2}{P_1} > \left(\dfrac{2}{k+1}\right)^{\frac{k}{k-1}}$ 时，流动为亚临界流动，有

$$\varphi_{12} = \sqrt{\frac{2k}{k-1}\left[\left(\frac{P_2}{P_1}\right)^{\frac{2}{k}} - \left(\frac{P_2}{P_1}\right)^{\frac{k+1}{k}}\right]} \tag{3.9}$$

当 $\dfrac{P_2}{P_1} < \left(\dfrac{2}{k+1}\right)^{\frac{k}{k-1}}$ 时，为超临界流动，有

$$\varphi_{12} = \left(\frac{2}{k+1}\right)^{\frac{1}{k-1}} - \sqrt{\frac{2k}{k+1}} \tag{3.10}$$

式中：P_1、P_2 为控制阀前、后的瞬态压力，N/m^2；μ 为流量系数；v_1 为控制阀前的比容，m^3/kg；k 为绝热压缩比（比热容比）；φ_{12} 为流函数，它与上、下游的流动状有关；下角1、2分别表示上、下游的流动参数。

3.2　控制系统结构与建模

应用电磁直线执行器直接驱动的流体控制阀系统是位置伺服系统，即通过控制阀位置反馈量和目标输入参量进行比较形成闭环控制，对位置伺服系统闭环控制结构可以有不同的方式，常见的是用控制阀位置/电流的双闭环控制系统，还可以采用阀位置/电流/速度/加速度等多闭环控制方案。一般速度和加速度的获取相对比较复杂，反馈量和闭环数目的增加也容易引起控制系统的不稳定和降低系统的频响，在应用于直接驱动的流体控制阀的系统中，采用双闭环的控制方案。其结构如图 3.2 所示。

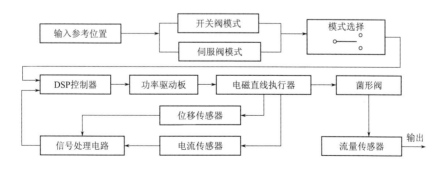

图 3.2　系统的控制结构组成框图

采用双闭环的控制结构，由内到外分别为电流环和位置环。电流环和位置环的作用是提高系统的刚度，以此来抑制系统的非线性及外部扰动，从而保证输出位置的精度。当电流环和位置环内部的某些参数发生变化或者受到扰动时，电流环和位置环对它们有效地抑

制。同时通过修正和调节能够及时准确地输出目标位置。

应用电磁直线执行器直接驱动的流体控制阀系统采用电磁直线执行器直接驱动菌形阀阀盘，而来自外界环境的扰动，如摩擦力、阻尼等直接作用于执行器上，因此对执行器的位置控制的抗干扰能力和鲁棒性提出更高的要求，而气体作用在阀盘上的背压力以及与执行器位置直接相关的控制阀升程的波动也会对输出流量带来一定的波动和不稳定。因此对系统输出流量的稳定性也相应地要求更高，加上对直接驱动的流体控制阀系统的高响应需求。综合以上因素的考虑，针对系统对位置控制的精准性和高响应的要求，在 Matlab/Simulink 下建立一种电流环＋位置环的双闭环控制器结构，系统控制的框图如图 3.3 所示。

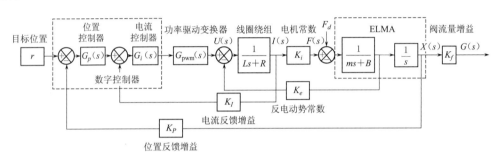

图 3.3 系统的控制结构 Matlab/Simulink 框图

3.2.1 电流环模型

电流环的结构由电流控制器、功率驱动变换器、电磁直线执行器绕组和电流反馈组成，其结构框图如图 3.4 所示。电流环作为双闭环控制系统的最内环，其主要作用是对电流指令进行控制，一是能够在阀开启和阀芯运动大范围加减速时起到电流的控制和限幅作用，电流控制器的结果是让电磁直线执行器上线圈电流迅速达到最大值并保持稳定，从而实现阀芯运动的快速加速和减速的目的；二是通过电流内环调节器能够提高系统的抗干扰能力，能够对电压的波动及时调节，提高系统的跟随性能。

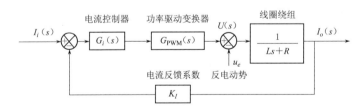

图 3.4 电流环的控制框图

为了使电流环稳定输出，达到动态下无超调的目的。在建立系统模型时，电流环控制器采用 PI 控制器，所以有

$$G_i(s) = K_{pi} + \frac{K_{ii}}{s} = \frac{K_i(T_i s + 1)}{T_i s} \tag{3.11}$$

式中：K_i 为电流调节器的比例放大倍数；T_i 为电流调节器的时间常数。其中 $K_{pi} = K_i$，$K_{ii} = K_i / T_i$。

不考虑电流采样时的延时环节和 PWM 功率变换环节的滞后，取电流反馈系数 $KI=1$，则电流开环的传递函数可以表示为

$$G(s)=K_i \frac{T_is+1}{T_is}\frac{1/R}{T_as+1} \tag{3.12}$$

取 $T_i=T_a$，则电流环的闭环传递函数表示为

$$\frac{I_o(s)}{I_i(s)}=f(s)=\frac{G(s)}{1+G(s)}=\frac{1}{L/K_i+1} \tag{3.13}$$

对电流环进行离散化，将其转换为数字式 PI 算法，数字式 PI 调节器有位置式和增量式。位置式算法需要每次对误差 $e(k)$ 进行累加，容易产生积分饱和，而增量式控制的是执行机构的增量，容易产生截断误差，所以采用抑制积分饱和的 PI 算法，即带有输出限幅的方法。其表达式如下所示：

$$\begin{cases} u(k)=u(k-1)+K_pe(k)+K_ie(k-1) \\ u_0(k)=\begin{cases} u_{\min} & u(k)<u_{\min} \\ u(k) & u_{\min}<u(k)<u_{\max} \\ u_{\max} & u(k)<u_{\max} \end{cases} \\ u(k-1)=u_0(k) \end{cases} \tag{3.14}$$

式中：$u_0(k)$ 表示本次的 PI 调节器的计算结果；$u(k)$ 为当前输出占空比；$u(k-1)$ 为上次输出的占空比；k 为采样时刻；K_p 表示比例调节系数；K_i 表示积分系数；$e(k)$ 表示当前电流偏差值；$e(k-1)$ 为上次电流偏差值；$u_{\max}$，$u_{\min}$ 分别表示 PI 调节器输出的最大值和最小值，可以根据控制量的特性，确定 PI 调节器输出的最大值和最小值，当控制对象为占空比时，$u_{\max}$ 和 $u_{\min}$ 的值可分别设置为 1 和 0。

带有输出限幅值的 PI 算法，可以将调节器的输出限定在需要的范围内，保证当计算出现错误时也不会使控制量出现不允许的数值，输出具有饱和特性。

3.2.2 位置环模型

位置环的作用是保证控制阀的静态和动态性能，直接关系到气体流通的截面积，从而最终影响流量的输出，因此位置环是流量伺服系统稳定性和高性能的关键环节。

位置环控制器的输出是电流环的给定值。对位置环的控制，既要能够满足在开关阀工作模式下的保持一固定的升程，又要能够实现在伺服阀工作模式下的升程连续可调。因此要求控制器要具有一定的轨迹跟踪能力的同时，还要具有对目标升程的精准控制。位置环在忽略电流环和负载作用的情况下，其简化结构如图 3.5 所示。

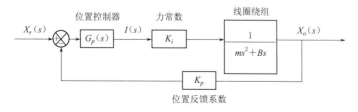

图 3.5 位置环的控制框图

$$X_r(s) \cdot G_p(s) \cdot K_i \cdot \frac{1}{ms^2 + Bs} = X_o(s) \tag{3.15}$$

因此位置控制器简化为 $G_p(s) = \dfrac{X_o(s)}{X_r(s)} \cdot \dfrac{ms^2 + Bs}{K_i}$

式中：$G_p(s)$ 为位置控制器；$X_o(s)$ 为位置环输出；$X_r(s)$ 为位置环输入；m 为动质量；B 为黏滞摩擦系数；K_i 为电机力常数。

在实际的系统中，存在着外界的扰动以及内部系统参数的影响，是一个非线性的时变系统，因此对位置环的控制还需要考虑诸多因素，若要实现高精度的定位和跟踪，就需要加入一些控制策略以使得系统具有更好的鲁棒性和精度。

3.3　系统仿真与参数影响

根据 3.1 节的描述和 3.2 节的系统结构分析，在 Matlab/Simulink 下搭建整个系统的仿真模型，并对影响系统性能的关键参数进行仿真分析，仿真分析中的系统参数见表 3.1。

3.3.1　运动质量

系统的运动质量是影响系统的动态性能的重要因素，图 3.6 是不同运动质量下的质量流量和控制阀升程在阶跃输入信号下的响应仿真曲线。在没有任何控制策略下，在其他参数不变的情况下，随着运动质量的增大，控制阀的升程响应越来越慢，而对应的不同控制阀升程下的流量也随之响应时间变长。因此为了获得最快的达到预设定的流量输出，应尽可能地减少运动质量。

表 3.1　仿真分析中的系统参数表

子系统	参数名称	参数值
电磁子系统	供电电压/V	24
	线圈电阻/Ω	4
	线圈电感/mH	1.6
	阻尼系数/(N·s/m)	2
	电机常数/(N/A)	11.3
机械子系统	运动质量/kg	0.036
	阀盘升程/m	0.004
	阀盘直径/m	0.016
	阀盘锥角/(°)	45
流体子系统	供气压力/MPa	0.3
	温度/K	300
	气体常数/[J/(mol·K)]	8.31
	阀前后压差/MPa	0.2
	绝热压缩比	1.4

3.3.2　线圈电阻

运动线圈电阻的大小，直接影响驱动电流的大小，进而影响控制阀的升程响应时间。而且随着电磁直线执行器运行时间的增加，引起工作环境的温升，线圈的电阻也会随之而改变。因此，在实际的控制过程中，要考虑到电阻的变化。从图 3.7 中可以看出，随着电阻的增加，控制阀升程的阶跃响应时间变慢，而对应的线圈电流的幅值也在随之减少，电流上升的速度也变得缓慢。

3.3.3　驱动电压

为了分析不同输入驱动电压幅值对直接驱动的流体控制阀系统动态响应特性的影响，本书对其进行了仿真分析，仿真分析的结果如图 3.8 所示。可以看出驱动电压的大小直接影响执行器线圈电流的大小，从而影响控制阀开启和关闭的响应速度。

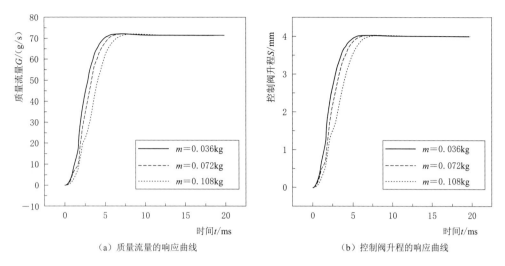

（a）质量流量的响应曲线

（b）控制阀升程的响应曲线

图 3.6 不同运动质量下的质量流量和控制阀升程的响应

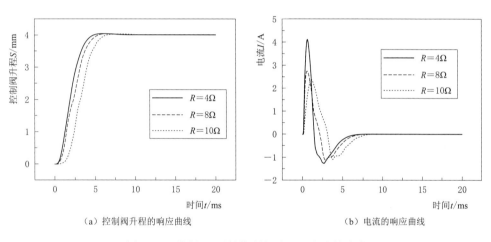

（a）控制阀升程的响应曲线

（b）电流的响应曲线

图 3.7 不同电阻下的控制阀升程和电流的响应

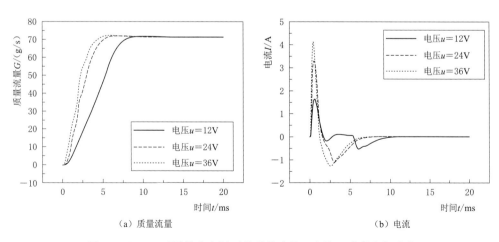

（a）质量流量

（b）电流

图 3.8（一） 不同供电电压下的质量流量、电流、速度和加速度

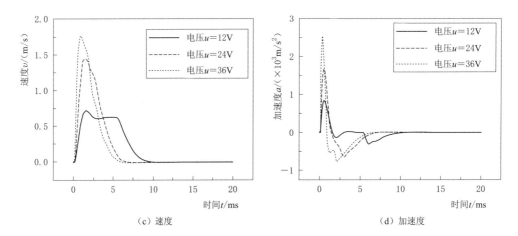

（c）速度　　　　　　　　　　　　　　　（d）加速度

图 3.8（二）　不同供电电压下的质量流量、电流、速度和加速度

从图 3.8（a）中可以看出，随着驱动电压的增加，阀的输出流量响应时间减小，因此可以通过适当的增加驱动电压来实现输出响应时间的提高。从 3.8（b）图不同驱动电压下执行器的电流输出曲线中可以看出，随着驱动电压的增大，电流的幅值也随之增加，对比 3.8（c）图可以看出，在驱动电压比较小的情况下，达到预定的控制阀升程时间变长，而且会保持一段匀速的运动，然后通过反向电流制动，才能达到预定的升程。因此，保持一定的驱动电压才能够实现预定的控制阀升程响应时间。

3.3.4　阀盘直径

阀盘直径直接影响着瞬时流通截面积，而流通截面积则是控制流经阀的气体流量的最为直接的因素。阀的瞬时流通截面积的计算公式如下：

$$f = \pi(d + S\sin\theta\cos\theta)S\cos\theta \tag{3.16}$$

阀的流通面积随着阀芯的升程 S 而连续变化，但是当阀升程达到一定程度时，流通面积继续增大，但通过阀的流量将趋于饱和。因为随着阀升程的增大，使得流通面积和阀盘的最大截面积相等，相当于阀处于全开的状态，阀将不再有流量控制阀的功能。因此当 $f = A$ 时，则

$$\pi(d + S\sin\theta\cos\theta)S\cos\theta = \pi\frac{d^2}{4} \tag{3.17}$$

仿真在不同阀盘直径下的质量流量和响应如图 3.9 所示，计算在阀芯升程如为 4mm 下，流量趋于饱和下对应的阀盘直径为 13mm。

从图 3.9 中可以看出，随着阀盘直径的增大，阀口的质量流量也随之增加。在未达到饱和流量之前，质量流量和阀盘直径近乎线性的关系；当达到饱和流量之后，阀口输出的流量将不再和阀盘直径有关系。从图 3.9（b）中可以得出，随着阀盘直径的增加，达到所设定的流量值的响应时间变小，在同一阀盘直径下，开启时间在 5ms 以内。因此通过增加阀盘直径增加输出流量，但是受阀芯升程和响应时间的限制，阀盘直径也不可无限制地增大，此时要考虑诸多因素。

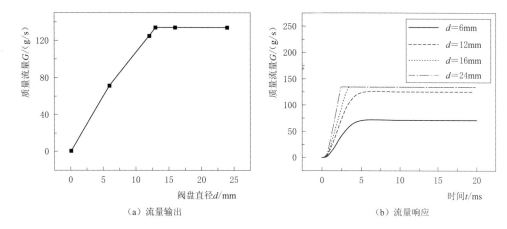

图 3.9 不同阀盘直径下的质量流量响应

3.3.5 供气压力

仿真计算在不同的供气压力下的质量流量响应曲线以及在不同供气压力下的稳态质量流量，如图 3.10 所示。选择供气压力在 0.1MPa、0.2MPa、0.3MPa、0.4MPa、0.5MPa，升程 2mm，阀盘直径 16mm。

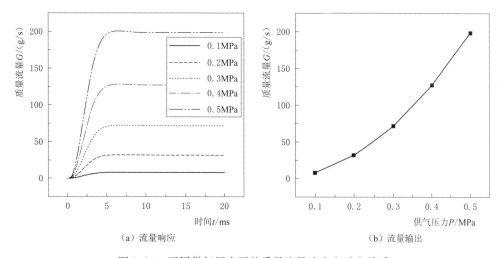

图 3.10 不同供气压力下的质量流量响应和对应关系

由图 3.10 可以看出，供气压力的大小对输出的流量达到稳态的时间没有影响，只会影响到输出流量。随着供气压力的增大，质量流量也随之增加，并呈现近似的线性关系，在压力较小的情况下，线性度偏低[97]。由此可以得出，在控制流量输出时，除了选择控制阀升程大小之外，也可以通过调节供气压力的大小来实现，但输出的线性度不够好，而且供气压力容易受到外界环境的影响，如温度、气体的压缩和流动特性等造成的压力波动。

3.3.6 喷射脉宽

在开关阀工作模式下，其输出流量可以采用间歇循环的工作方式。输出流量的控制在固定控制阀升程的情况下，通过脉冲宽度调制（pulse‐width modulation，PWM）占空比来控制阀开启和关闭时间，从而实现控制通过阀的平均流量。

为了分析占空比对阀流量的影响，分别选取阀流量特性曲线的死区、线性区和饱和区的占空比进行对比分析。如图 3.11 所示，在阀开关周期为 20ms，即频率为 50Hz 的驱动频率下，阀芯位移和流量曲线，占空比分别选取为 10%、30%、50%、70% 和 90%。

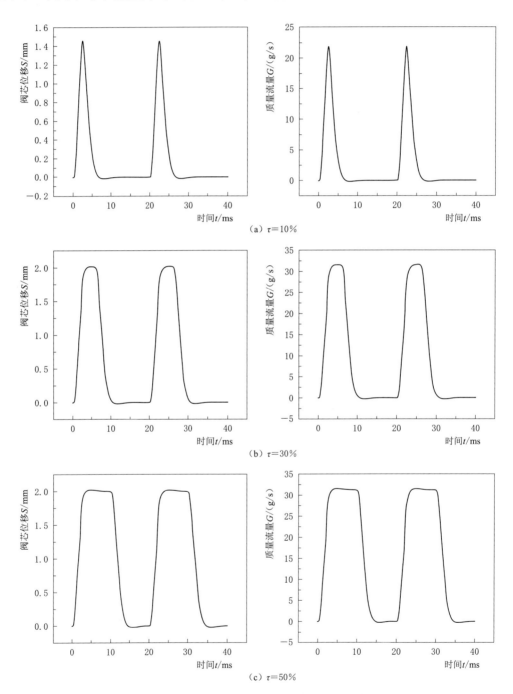

图 3.11（一）　不同占空比下的阀芯位移响应和质量流量

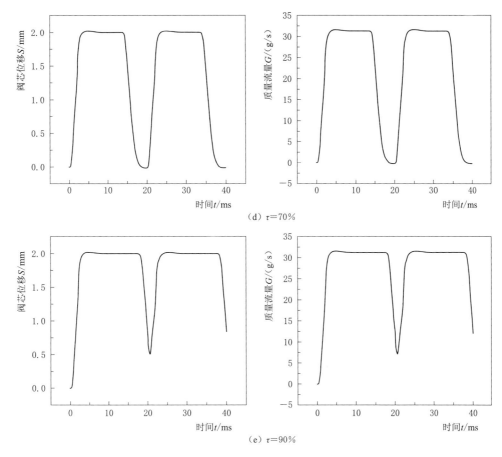

（d）$\tau=70\%$

（e）$\tau=90\%$

图 3.11（二） 不同占空比下的阀芯位移响应和质量流量

在占空比为 10％时，电磁直线执行器未达到指定的 2mm 的位置，阀芯未完全打开即关闭，而此时阀流量曲线处于死区，单个脉冲的流量很小；在占空比为 30％、50％、70％时，阀的流量特性处于线性区，阀芯的保持在最大 2mm 的位置，脉冲的流量随着占空比的增加而增加；当占空比达到 90％时，阀流量特性曲线处于饱和区，在电磁直线执行器驱动电流降为 0 时，阀芯不能回到零点位置，控制阀未能完全关闭，阀处于此段区域工作时，会有气体的泄漏。

因此，从图 3.11 中可以看出，仿真模型能够准确反映阀的静态变化规律。在实际控制时，对阀的流量控制选择脉宽占空比在 30％～90％之间。

为了验证在不同占空比下阀的流量特性，同时对流量在一个周期内的时间进行积分如式（3.18），得到阀流量在一个脉冲周期内的累计流量，质量流量和占空比的对应关系如图 3.12 所示。

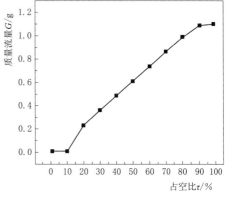

图 3.12 不同占空比下的累计质量流量

$$G_{sum} = \int_0^T G(t)\,\mathrm{d}t \tag{3.18}$$

式中：G_{sum} 为累计质量流量；T 为一个单位周期；$G(t)$ 为随时间变化的瞬时流量。

从图 3.12 中可以看出，在不同的占空比下，阀的累计流量在占空比 $0 \sim 30\%$ 为死区，$30\% \sim 80\%$ 为线性区，$80\% \sim 100\%$ 为饱和区。而从仿真的结果来看，在 $20\% \sim 90\%$ 都可以看作是线性区工作区域，但是实际计算为理想状况下，实际在使用中由于诸多因素，在允许的条件下选取 $30\% \sim 80\%$ 的区间则是更为理想线性。

3.4　流　量　特　性　研　究

通过在 Matlab/Simulink 下的仿真分析，初步确定了直接驱动的流体控制阀的输出流量和供气压力、阀盘直径以及喷射脉宽之间的关系，但是由于仿真仅仅是根据经验公式所得，并不能反映实际的内部流动情形，因此为了进一步探究直接驱动的流体控制阀系统的输出流量和升程以及供气压力之间的关系，对直接驱动的流体控制阀的稳态流场进行了仿真，并建立试验测试台以通过试验验证仿真模型的准确性。

3.4.1　流场仿真

为了进一步研究直接驱动的流体控制阀系统在实际工作条件下的内部流动情况，因此在建立直接驱动的流体控制阀三维模型的基础上，利用三维数模软件 proe 对该控制阀的内腔表面进行了提取，然后对所提取的表面进行闭合和填充处理以形成一个完整的实体，同时添加了底面直径为 50mm、高为 200mm 的模拟气道，完成了计算所需流动区域的建模工作。

将模型导入到 GAMBIT，采用分块网格划分技术，把整个计算模型分为四个计算区域，即气流入口区域、直接驱动的流体控制阀内部区域、快速流动区域以及模拟气道区域。计算网格如图 3.13 所示。对于气流入口区域，根据其结构规则选用大小为 1mm 的结构化网格；对于喷射装置内部区域，采用大小为 0.5mm 的非结构化网格；对于快速流动区域，由于变化剧烈，故选用 0.4mm 的非结构化网格，确保在阀盘和阀座之间有尽量多的网格；对于模拟气道区域，则选用 0.5mm 的非结构化网格。

根据进出口压差已知的条件，对流动的入口采用压力进口边界条件，入口压力根据需要分别设定为 0.02MPa、0.03MPa、0.04MPa、0.05MPa，固定温度全为 300K。由于给定湍流强度和水力直径易于实现，所以本书采用了该方法对湍流强度 I 和水力直径 DH 进行了设定。其中按照经验一般湍流强度 I 可以取为 $5\% \sim 10\%$，水力直径 DH 是指进出口截面的等效直径，所以对于该模型气体出口的水力直径就是圆形截面的直径，即 DH = 50mm。另外，对于壁面边界条件选择绝热并且无滑移的固壁边界条件，选择理想的可压缩气体作为流动介质。

如图 3.14 所示，在阀盘直径 16mm，进出口压差 0.02MPa 下，阀盘升程 2mm 时，阀内部稳态压力场云图和速度场矢量图的分布情况。从图 3.14 中可以看出，压力场分布并未出现明显的紊流，在阀开启处有较大的压降，阀口的流速处于亚音速状态。同时仿真计算在不同的压差下的体积流量分别为 12.82m³/h、16.01m³/h、19.14m³/h、21.77m³/h。

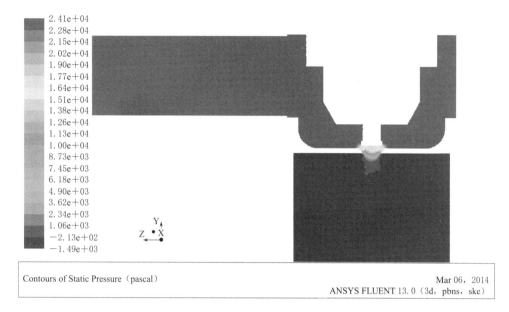

图 3.13　稳态工况计算网格

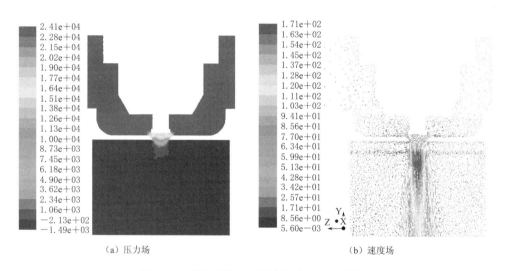

（a）压力场　　　　　　　　　　　　　　（b）速度场

图 3.14　阀内部稳态下压力场和速度场分布图

由此可以看出，进出口的压差直接影响着输出流量的大小。通过对阀体的内部流场的仿真计算，能够更直观地看出气体进出阀内的运动规律和流量特性，同时为流量的控制提供参考依据。

3.4.2　不同升程下的流量仿真与试验

为了进一步验证直接驱动的流体控制阀系统的流量特性，同时验证建立模型的精准性，本书搭建了如图 3.15 所示的流量特性测试试验台，试验台主要由气体循环装置和测控装置组成。主要包括空气压缩机、稳压罐、减压阀、直接驱动的流体控制阀和连接管路等。空气压缩机提供稳定的高压气源，经过减压阀使得气流维持在一特定的压力，通过稳压罐保证气体通过流量计时更加的平稳，同时提高测试的精准度。测控装置由流量计、压力表、控制器、上位机以及电源等组成。

图 3.15　流体控制阀系统的流量特性测试试验台

1—涡街试流量计；2—电控喷射装置；3—上位机；4—稳压罐；5—DSP 控制器；
6—功率驱动模块；7—空气压缩机；8—减压阀；9—电源

影响直接驱动的流体控制阀系统的流量调节除了跟供气压力有关之外，更主要的是通过直接驱动的流体控制阀的升程大小来实现对流量的控制。本书通过控制电磁直线执行器产生的驱动力来驱动阀盘，因此快速精准地调节执行器的位移量是关键因素。通过位移传感器、电流传感器的反馈信号和控制方案，实现双闭环控制，试验测试在阀盘升程分别为 1mm、2mm、3mm 和 4mm 下的流量如图 3.16 所示，在固定供气压力 0.02MPa 下，可以看出直接驱动的流体控制阀的流量和升程成近似线性关系，因此只要通过软件控制阀的升程即能够实现流量的连续调节，由此也为后续控制算法的研究提供可靠的理论支持。

3.4.3　不同压差下的流量仿真与试验

为了验证直接驱动的流体控制阀系统的稳态流量和供气压力的关系，在上述试验平台下，直接驱动的流体控制阀开启升程 2mm，并保持在此稳定的升程下，调节进气压力至 0.02MPa、0.03MPa、0.04MPa、0.05MPa，在连续的供气压力调节下，流量计测得的结果如图 3.17 所示，并将测试的结果和流量仿真的结果相比较。

从测试的结果可以看出，试验所测的流量和仿真结果基本相吻合，变化趋势保持一致。试验值比仿真值略偏大，仿真的结果是在理想气体情况下的流量，而实际试验过程中受到外界环境的影响，以及仪器仪表精度的影响会有一定的偏差。由此可以得出，直接驱动的流体控制阀系统的稳态流量和供气压力成近似的线性关系。

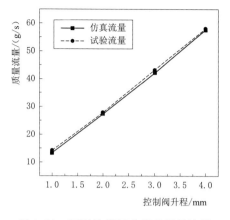

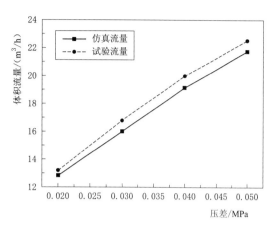

图 3.16　不同控制阀升程的质量流量　　　　图 3.17　不同压差下的体积流量

3.5　本　章　小　结

本章在详细分析电磁直线执行器直接驱动式流体控制阀系统机理的基础上，采用理论分析、原理验证、仿真模拟的方法，在 Matlab/Simulink 下建立了系统的仿真模型，初步完成以下工作：

（1）分析系统的机理，建立了电路子系统、磁场子系统、机械子系统和流体子系统等相互耦合并作用的数学模型。

（2）在 Matlab/Simulink 下搭建了系统的控制结构模型，包含电流环和位置环双闭环控制系统结构，并详细分析了双环控制器的组成，为后续的控制算法的深入研究建立仿真平台。

（3）在建立系统模型的基础上，对影响系统性能的关键参数进行仿真分析，包括运动质量、线圈电阻、驱动电压、阀盘直径、供气压力和喷射脉宽等，为后期的控制参数选取提供理论依据。

（4）对直接驱动式的流体控制阀进行了流场仿真研究，通过仿真模拟阀内部的稳态流场，确定直接驱动式的流体控制阀的输出流量和供气压力以及阀升程之间的关系，从而确定后续对阀升程的控制实现对流量的输出可调的可行性。

第4章 磁阻位移传感器的研究

对直线位移的监测与反馈是直接驱动的流体控制阀升程控制的关键因素之一，为了满足电磁直线执行器直接驱动的流体控制阀系统高精度、低成本要求的直线位移测试，本章基于磁阻原理设计了一种磁阻式直线位移传感器。所设计的传感器基于磁阻式芯片KMZ60，对磁阻式位移传感器的偏置磁场进行仿真分析，在 Ansoft 软件下建立三维仿真模型，通过对磁钢的布置区域的磁场强度和磁场角度进行仿真模拟，确定了磁钢的布置方案。

鉴于其使用环境所引起的干扰带来的精准度下降的问题，分析了干扰磁场的来源，然后仿真模拟在应用于电磁直线执行器上时，执行器在加载电流时对其产生的影响，借鉴差动变压器的原理提出一种差动式磁阻位移传感器的方案。最后搭建试验平台，并对传感器进行静态和动态测试，用于电磁干扰影响比较大的场合，能够有效地消除磁场干扰和受温度漂移等因素对测量结果的影响，提高测试的精准性。

对所设计的传感器的线性度、重复性和迟滞性进行了测试，试验验证了传感器能够满足在直线位移测试领域的应用要求，为通过直线位移运动控制实现流体压力、流量等输出参数的调节提供了前提条件。

4.1 位移传感器的研究概述

对位置的感知和测量是直线执行器运动控制过程中必不可少的环节，位移量反馈给控制系统是实现对运动的精准闭环控制的关键因素[98]，因此对位移传感器提出更高的要求。而作为非接触式磁阻位移传感器相对其他类型的传感器，因其具有体积小、精度高、无接触、寿命长、测量范围广等独特优势，广泛应用于各个行业，如齿轮转速[99]、消化道诊查胶囊的位置[100]、永磁同步电机[101]和车辆的检测[102]等。磁阻式位移传感器无触点的原理使得所有组件的相互绝缘，从而使整个传感系统在无污染和无机械损伤的情况下能够长期保持强效工作。磁阻式位移传感器将磁场角度的变化转化为直线位移量，既可以用于角位移测量也可以用于直线位移的检测[103]。传统的磁阻式传感器，因受工作环境温度的影响，容易产生温度漂移使得测量结果精度不够，在其应用于复杂的工业环境时，由于受到外界杂散磁场的干扰，尤其是电磁干扰，导致精度下降，输出不稳定。另外磁阻电桥输出的微弱电压信号，要经过外加电路对信号的放大，增加了电路的复杂性。因此，为了满足系统高精度、低成本要求的直线位移测试，对其深入分析与研究已成为亟待解决的问题。

4.1.1 磁阻位移传感器的原理

磁阻效应是指铁磁材料中的各向异性磁阻（anisotropy magnetic resistors，AMR）随着外界磁场的变化而变化的现象。通常为在磁铁金属或者合金中，磁场平行电流和垂直方向的电阻率发生变化而产生的效应。利用磁阻效应组成惠斯通电桥如图 4.1 所示，传感器的全桥电路有利于补偿电桥非线性输出特性，同时还能够提高电桥的检测灵敏度。由图 4.1 所构成桥路的输出电压 ΔU 为

$$\Delta U = \frac{R_1 R_3 - R_2 R_4}{(R_1 + R_4)(R_2 + R_3)} V_S \tag{4.1}$$

式中：R_1、R_2、R_3、R_4 分别为四个桥臂的电阻值；V_S 为供电电源电压。

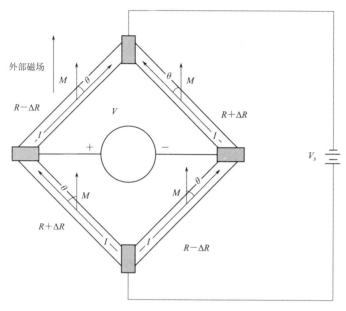

图 4.1　磁阻传感器原理图

当电桥施加一个偏置磁场，使得所有电阻中的磁化强度和电流间有约 45° 的夹角变化。正交施加磁场方向的变化使两个对角的两个电阻增加 ΔR，而另外两个反向放置的电阻减少 ΔR，电桥失去平衡，产生与角度有关的电压信号输出。通过对信号处理转换成位移，从而可以计算出相应的直线位移量。

4.1.2　基于磁阻原理的传感器 KMZ60 的功能

KMZ60 是恩智浦公司（NXP）生产的高精度磁阻式线位移/角位移传感器芯片，可用于线位移、角位移、阀门位置、一般无接触角度测量、接近位置等汽车、工业和一些消费产品中的应用。与传统的磁阻式（MR）传感器相比，因其具有内部集成放大器和温度补偿电路，能够有效地减少其设计的尺寸并抑制温漂等因素带来的测量误差，其工作温度为 $-40 \sim 150$ ℃，更适合应用于复杂的工业场合。芯片内部有自动关断模式，能有效地减少功耗。其内部有两个惠斯通电桥、一个温度传感器、两个二级放大器、一个电流倍增器等，其结构框图如图 4.2 所示。

KMZ60 内部由两个平行交错布置的磁阻合金薄膜组成的惠斯通电桥，能够同时输出正弦和余弦波。在做直线位移测量时，可以选择其中的任意一路作为其输出。另外芯片还

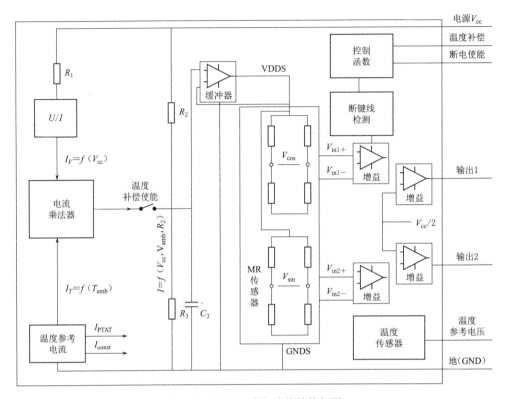

图 4.2　KMZ60 内部功能结构框图

具有集成内部放大器的功能，将磁阻效应产生的弱电压信号，经过固定增益的运放将输出信号放大输出。电压的输出范围为 $0.07V_{cc} \sim 0.93V_{cc}$。传感器的具体参数见表 4.1。

表 4.1　　　　　　　　　　　　　KMZ60 芯片的技术参数

参　　数	数　　值	参　　数	数　　值
供电电压/V	2.7~5.5（最大 6）	角度分辨率/(°)	±0.1
角度范围/(°)	0~180	工作温度/℃	−40~150
外部磁场强度/(kA/m)	25		

　　其工作原理是基于磁阻效应，给传感器芯片供电后，当外部偏置磁场大于 25KA/m 时，处于饱和状态，传感器单元只对磁场方向敏感，而磁场强度在饱和之后不再对其产生作用。当外部磁场方向发生变化时，内部的惠斯通电桥的四个桥臂电阻阻值发生改变，从而转化为电压输出，其输出电压的大小和磁场的偏转角度有关。传感器内部两路信号都可以作为传感器的输出电压，因此，在本书中选取正弦信号作为其输出。传感器的输出电压可表示为

$$V_{out} = KV_s S \sin 2\theta \qquad (4.2)$$

式中：V_s 为传感器供电电压；θ 为外部磁场和传感器内部电流方向的夹角；K 为传感器内部放大器的增益；S 为材料常数。

4.2 偏置磁场的仿真

4.2.1 磁钢的选取和分析

磁阻式位移传感器在正常工作时,磁钢为传感器提供合适的偏置磁场,是传感器感测所必需的元件之一。使传感器正常工作提供磁场的磁钢所具备的条件是:一方面要满足磁场饱和的需求,另一方面又要兼顾尺寸和运动重量的要求,要能够便于安装。因磁钢要和测量的运动部件直接相连,同时有效减少动质量为控制系统提供可靠的支持。因此,主要考虑以下几个方面的因素:

(1) 磁场强度。所选用的磁钢能够保证在整个测量范围内的磁场强度使传感器芯片处于饱和状态,总的磁场应在芯片所处的 X-Y 平面,以此选用磁场较强的钕铁硼材料。

(2) 磁钢的尺寸。磁钢的大小取决于测量的范围和准确度,改变磁钢的体长度会导致传感器的输出斜率变化,较长的磁钢产生较小的斜率,但增加传感器的线性范围,折中分辨率与精度和测量位移的矛盾,选用强磁材料的小磁铁,本书通过仿真确定合适的磁钢。

(3) 磁钢的温度系数。要能够保证在整个温度范围内,磁钢的磁场变化较小,以适应外界环境温度变化。

4.2.2 磁钢的位置与磁场角度的仿真

对选取的磁钢要满足磁场强度的要求,同时还要兼顾到磁钢在合适的运动区域和范围,即在整个运动区域内的磁场角度变化。为了选择传感器合适的布置区域,在 Ansoft 软件下建立磁钢的三维仿真模型,仿真磁钢周围的磁场方向的矢量变化。仿真距离磁钢中心 X 轴方向分别为 6mm、8mm 和 10mm 的水平方向位置,Y 轴为 ±2mm 的竖直位置,其仿真结果如图 4.3 所示。

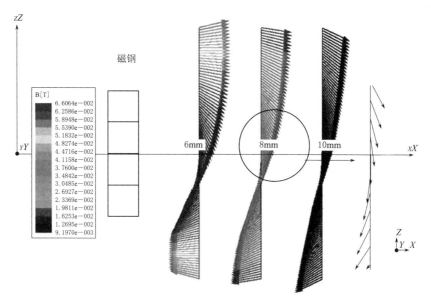

图 4.3 磁钢运动区域磁场角度变化

从图 4.3 中可以看出，距离磁钢位置越近，磁场角度的变化越趋于平缓，也就意味着输出电压的分辨率也越低，而且在距离较近的位置时，磁场的角度未能保持一致性。因角度的变化直接反映在输出电压上，通过试验实测三个位置下的传感器的输出，所测试的运动位移为 4mm，结果如图 4.4 所示。

从图 4.4 中可以看出，传感器的输出在 10mm 的位置能够保证在整个运动范围内为线性。随着传感器和磁钢位置的接近，输出结果不在其线性范围内。与仿真计算的结果相对比，同样也验证了传感器和磁钢之间的距离越远，输出的分辨率也越高，试验得出的电压变化范围越大，曲线的斜率变小。

4.2.3　不同布置位置的磁场强度仿真

传感器所需要提供的偏置磁场除了有上述对磁钢和传感器之间的位置要求外，还应考虑传感器的偏置磁场强度的饱和问题。在 Ansoft 下仿真计算磁钢在整个运动过程和区域内的磁场强度，根据磁阻传感器的性能要求磁场强度要达到 80GS 以上。而在磁场饱和的前提下，尽量选用尺寸规格较小的磁钢，一方面，较小的磁钢能够有利于对传感器布置空间限制时的使用；另一方面，体积小的磁钢意味着质量小，从而控制系统的动质量减少，更有利于提高执行器的动态性能。因此基于以上两个条件的考虑，对磁钢在运动区域的磁场强度变化进行了仿真，选用的磁钢技术参数见表 4.2。

表 4.2　　　　　　　　　　　　　　偏置磁钢的技术参数

参　　数	数　　值	参　　数	数　　值
磁钢种类	圆柱形轴向充磁	表面磁场强度	4000～4500GS
尺寸	5mm×6mm	材料	钕铁硼45
质量	0.2g		

对选用的磁钢在三个位置区域的磁场强度进行仿真模拟，结果如图 4.5 所示。从图中可以看出，磁场强度的变化以中心点位置成对称分布，在距离磁钢位置最近的 6mm 位置磁场强度最强，距离越远，磁场强度逐渐减弱。

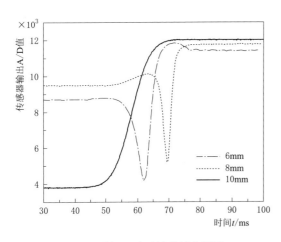

图 4.4　磁钢运动区域的试验测试

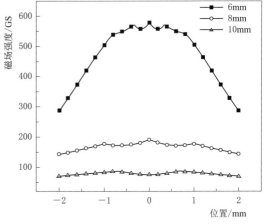

图 4.5　磁钢运动区域的磁场强度

综合仿真和试验测试的结果可以看出。随着磁钢和传感器之间距离的改变，磁场强度不断的衰减，虽然靠近磁钢的位置磁场强度最大，但是不满足线性区的要求。而距离过远又无法实现磁场强度的饱和。因此，综合磁场强度的饱和性和磁场角度变化的一致性，确定磁钢布置在 10mm 位置区域。

4.2.4　磁阻式传感器的硬件电路设计

磁阻式传感器的硬件电路原理如图 4.6（a）所示。由于其内部具有信号放大的功能，能够将磁阻效应产生的微弱信号进行放大，所以不需要再外接信号放大电路，简化了外接电路，只需要简单的电阻、电容即可以实现。

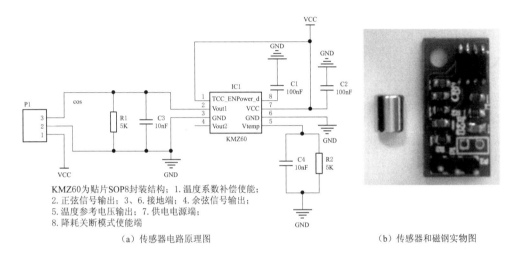

KMZ60为贴片SOP8封装结构；1.温度系数补偿使能；
2.正弦信号输出；3、6.接地端；4.余弦信号输出；
5.温度参考电压输出；7.供电电源端；
8.降耗关断模式使能端

（a）传感器电路原理图　　　　　　　　（b）传感器和磁钢实物图

图 4.6　传感器硬件电路设计

磁阻式传感器的实物图如图 4.6（b）所示，具体尺寸为 22.7mm×11.4mm。

4.3　差动式磁阻位移传感器的研究

4.3.1　差动式磁阻位移传感器的方案和原理

磁阻式位移传感器在实际使用过程中，为了保证测试结果的精准度，要有更好的抗干扰性能。磁阻桥的电阻值一方面容易受到外界环境温度的影响而产生变化；另一方面磁阻式位移传感器容易受到外界杂散磁场的干扰，尤其当其应用于电磁干扰较强的场合，如电磁直线执行器，当执行器加载初始电流的瞬间，引起周围磁场的变化，从而带来传感器输出的波动。

在无接触式位移传感器中，使用差动方法的另外一种传感器是线性可变差动变压器LVDT，其工作原理是利用电磁感应将被测位移量的变化转化为变压器线圈互感系数的变化，初级线圈产生的磁场经铁芯传到次级线圈，次级线圈依楞次定理产生感应电压，两个次级线圈感应的电压进行差动，然后输出电压信号。在初级线圈电压有波动干扰的情况下，通过互感的两个次级线圈的电压值相减，依然能够保持输出一恒定值。

借鉴差动变压器的原理,用来消除测量系统的干扰或者误差。对温度的影响,一般可以采用软件或者硬件补偿的方法消除,也可以采用差动的方法减弱温度带来的测试偏差。而对于电磁干扰,除了采用必要的屏蔽措施外,本书提出采用差动的方法实现[104]。

本书设计的差动式磁阻位移传感器的结构如图 4.7 所示。采用双磁阻式位移传感器对称布置在偏置磁钢的两侧,干扰磁场的存在使得磁场在运动区域内产生一个偏转角度,假设相对 A 传感器为 $+\omega$,而相对 B 传感器为 $-\omega$,因此传感器的输出分别为

A 传感器的输出为

$$V_A = V_{\text{out}} + KV_s S\sin2\omega \quad (4.3)$$

B 传感器的输出为

$$V_B = V_{\text{out}} + KV_s S\sin(-2\omega) \quad (4.4)$$

因左右布置的两传感器在初始位置时,偏置磁场相对于磁阻的四个电阻桥为固定输出,即 V_{out} 的输出为一恒定值,且两传感器相对磁钢的距离是固定的,输出相等。将式(4.3)和式(4.4)相加,得

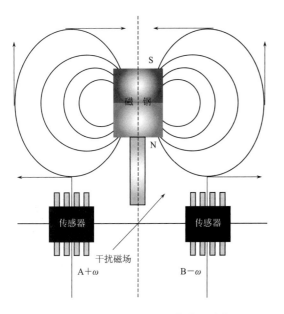

图 4.7 差动式磁阻位移传感器结构

$$V_{\text{add}} = V_A + V_B = 2V_{\text{out}} + KV_s S[\sin2\omega - \sin2\omega]$$
$$= 2V_{\text{out}} \quad (4.5)$$

由式(4.5)可以得出,对称布置的两个传感器通过信号的相加,能够将干扰磁场产生的干扰信号分量进行消除,而且使得输出信号的幅值扩大两倍,提高了信号的分辨率。本书基于此原理提出一种新型的差动磁阻式直线位移传感器的设计方案。

利用磁阻式位移传感器可以同时输出两路正弦/余弦信号,将两路信号经过信号处理电路,即加法/减法电路,若电磁干扰的方向是相同的,对其中一传感器输出的正弦信号进行相移 180°,然后和另一传感器的正弦信号进行相减;若干扰信号的方向是相反的,对输出的正弦信号进行相加,结果如图 4.8 所示。

4.3.2 干扰磁场的分析

在磁阻位移传感器实际使用过程中,干扰磁场主要来源于电磁直线执行器的电磁干扰,在所设计的差动式磁阻方案下,传感器 A 和传感器 B 之间的相对位置较小,因此在小范围内干扰磁场相对 A 和 B 近似看作是平行磁场。假设一干扰磁场如图 4.9 所示,干扰磁场为 D,干扰磁场的方向与磁化轴的夹角为 0°~180°之间,为了便于分析,图中标注与磁化轴之间的夹角为 90°。在初始位置时,磁化轴 M 和电流 I 成 45°夹角,当有干扰磁场 D 的存在,使得沿磁化轴 M 方向的磁场和干扰磁场 D 进行合成可得。

相对传感器 A:

$$\overrightarrow{H_A} + \overrightarrow{H_d} = \overrightarrow{H_A + H_d} = \overrightarrow{H_{AS}} \quad (4.6)$$

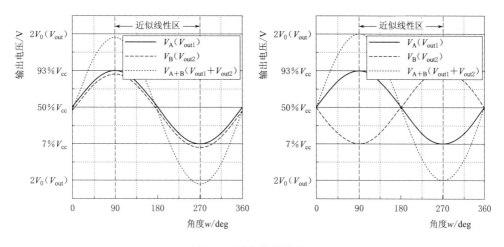

图 4.8　输出信号的处理

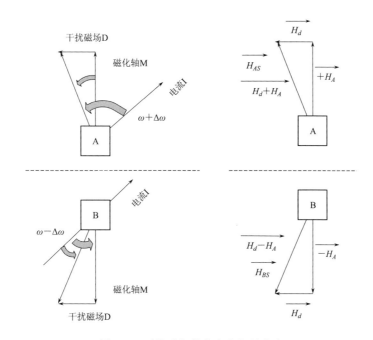

图 4.9　干扰磁场的分布和矢量合成

相对传感器 B：

$$\overrightarrow{-H_A} + \overrightarrow{H_d} = \overrightarrow{-H_A + H_d} = \overrightarrow{H_{BS}} \tag{4.7}$$

式中：$\overrightarrow{H_A}$ 和 $\overrightarrow{-H_A}$ 为传感器内部磁化磁场矢量；$\overrightarrow{H_d}$ 为干扰磁场矢量；$\overrightarrow{H_{AS}}$ 和 $\overrightarrow{H_{BS}}$ 分别为 A 和 B 的合成磁场。

通过磁场矢量的合成，使得原有磁化轴和电流的夹角改变，对 A 为 $\omega + \Delta\omega$，而对 B 为 $\omega - \Delta\omega$，从而有一个输出电压，通过式（4.3）、式（4.4）、式（4.5）可知，干扰量产生的电压将通过求和的方法消除。特殊情形下，当干扰磁场 D 与磁化轴 M 的夹角为 $0°$ 和 $180°$ 时，只会增加或削弱沿磁化轴 M 方向的磁场强度，不会引起磁化轴 M 和电流I之间的夹角变化，因此对输出电压没有影响。而由于 A 和 B 是对称的布置，当干扰磁场 D 与磁化轴 M 的夹角为 180°～360°时，和上述分析相同。

4.3.3　电磁直线执行器对传感器的影响分析

电磁直线执行器的工作也是基于电磁原理，因此在其周围也会产生一些杂散的磁场，势必会对传感器的偏执磁场造成一定的影响，进而影响传感器的测量结果，通过有限元仿真计算，考察其对传感器的影响规律，从而为传感器的输出提供更精准的保障。

首先定义电磁直线执行器、传感器偏置磁钢和传感器的相对位置，如图 4.10 所示。经过前述分析，确定传感器边缘和偏置磁钢中心之间的位置 $d=4.55\text{mm}$，偏置磁钢中心和执行器中心的位置根据实际设计安装空间 $r=18.7\text{mm}$，主要考察磁钢和执行器之间的竖直位置 h 变化时，对偏置磁钢的磁场角度和磁场强度所产生的影响。

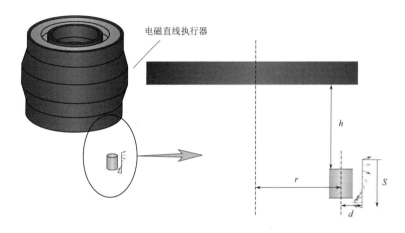

图 4.10　执行器和传感器的相对位置

图 4.11 为仿真在 h 从 3～7mm 的变化时，磁钢运动区域内的磁场角度变化。由图 4.11可以看出，当 h 很小，即传感器永磁体靠近电磁直线执行器时，传感器感应磁场方向会受执行器的磁场影响而产生一定的方向偏移。因此若永磁体距离执行器太近，传感器会受到执行器磁场的干扰。但随着 h 的增大，这种干扰在逐渐消减，在 $h>7\text{mm}$ 时执行器磁场对传感器芯片感应磁场方向已几乎无影响。

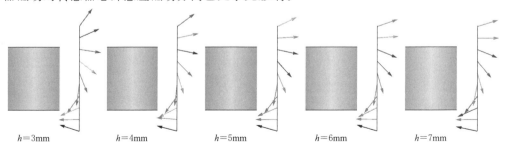

图 4.11　不同高度下执行器对磁场角度变化的影响

从上述仿真结果可以说明执行器对传感器芯片的磁场干扰在距离较远时几乎为零。为进一步验证，仿真计算在 7.5mm 下有无执行器时的磁场方向变化进行比较分析。图 4.12 即为在 $h=7.5mm$ 时有执行器和无执行器，未加载电流和加载电流的四种情况下的磁感应强度矢量对比图。

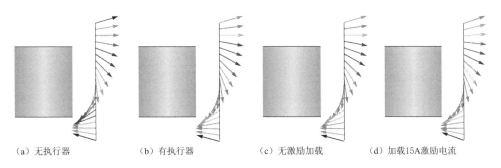

（a）无执行器　　　　　　（b）有执行器　　　　　　（c）无激励加载　　　　（d）加载15A激励电流

图 4.12　同一高度下执行器对磁场角度变化的影响

由图中可以看出，在此情况下，存在执行器时的传感器感应磁场方向与没有执行器时无差别，在更远距离时则更趋近于不存在执行器的状况，加载电流和未加载电流的情形也无影响。因此可以得到在 $h>7mm$ 之后的距离，传感器芯片感应磁场方向所受执行器的干扰近乎为 0。

由于矢量是空间三维的，在每个坐标方向都有分量，并不是局限于上述分析的 YZ 平面。为了更清楚地分析芯片位置的磁感应强度矢量的变化关系，现经过 Maxwell 后处理，分析磁感应强度在 $s=0mm$ 的位置时，矢量方向在三个平面的投影与坐标轴所成的夹角变化，定义如图 4.13 所示的角度关系，在 YZ，XY，XZ 平面的夹角为 α，β，γ，经过仿真计算得到夹角的余弦值变化见表 4.3。

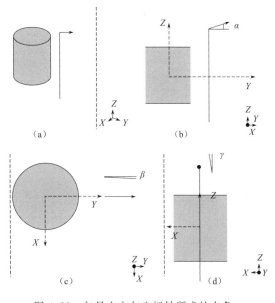

图 4.13　矢量方向与坐标轴所成的夹角

由表 4.3 可以发现，在由 3mm 至 7mm 范围内，$\cos\alpha$ 变化较明显，而当 h 大于 7mm，$\cos\alpha$ 变化趋于稳定，只有微弱波动。由此可以看出和上述的仿真结果相吻合。

表 4.3			夹 角 的 余 弦 值 变 化			
h/mm	3	4	5	6	7	7.5
$\cos\alpha$	0.598	0.807	0.9033	0.9476	0.9572	0.9633
$\cos\beta$	0.9994	0.9999	0.9999	0.9996	0.9983	0.9984
$\cos\gamma$	0.9997	0.9998	0.9997	0.9969	0.9814	0.9806

由以上通过对磁场的仿真确定传感器合适的布置区域，但是由于磁场的矢量模拟仅仅是虚拟的，并不能完全代表实际的物理环境，还需要进一步的通过实际测试才能够确定在执行器运行环境下的影响。

4.4　磁阻式位移传感器的静态和动态测试

4.4.1　试验方案

所设计的差动方案如图 4.14 所示，主要是采用双磁阻式位移传感器在运动磁钢的两侧成对称布置，安装在电磁直线执行器的上端，输出信号经处理后，进行 A/D 的转换送给 DSP 控制单元，作为反馈信号给整个控制系统，同时采用激光位移传感器进行标定对比，最后经过以太网将信号传输给上位机输出显示。

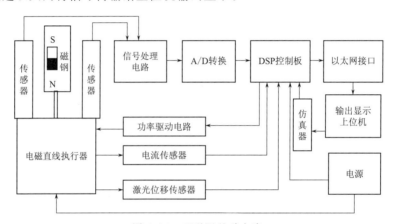

图 4.14　双磁阻差动方案

4.4.2　静态测试

根据上述分析，将所设计的差动式磁阻位移传感器用于电磁直线执行器的控制系统中，建立差动式磁阻位移传感器的测试平台，如图 4.15 所示。

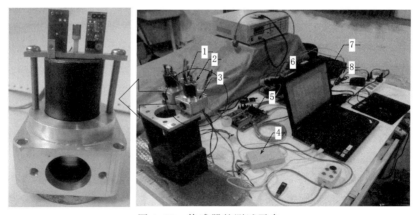

图 4.15　传感器的测试平台

1—传感器 A；2—传感器 B；3—电磁直线执行器；4—仿真器；5—DSP 控制板；

6—功率驱动电路；7—电源；8—上位机输出显示

将偏置磁钢和电磁直线执行器的动圈连接在一起运动，为了验证所设计的传感器的线性区域，和前述的磁场仿真进行对比验证，既能够满足磁场饱和的区域，磁场角度变化的一致性，又要确保在整个运动范围内传感器的输出为线性。首先测试传感器在静态下的工作，让电磁直线执行器在很小的电流下运动，不采用任何的控制策略做开环的往复运动，实际的工作位移大于 4mm，周围磁场基本保持不变，不受干扰磁场的影响，测试此时的传感器的输出，并和激光位移传感器进行对比。其结果如图 4.16 所示。

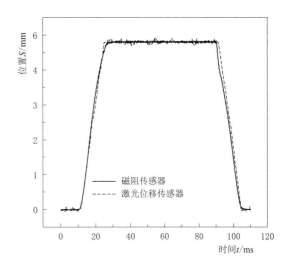

图 4.16　传感器静态测试结果

从图 4.16 可以看出，所设计的传感器在静态下，能够保证其运动区域与激光位移传感器的输出一致性。从而进一步验证了在 Ansoft 软件下对偏置磁钢周围磁场的仿真计算区域的可行性，为传感器的设计提供理论支持和指导。

4.4.3　动态测试

在建立的差动式磁阻位移传感器的试验测试平台，让电磁直线执行器处于高速直线运动，并且将传感器的输出信号反馈给控制系统。在执行器加载大电流（10A 以上）的情况下，传感器的周围有较大的干扰磁场的存在，尤其是在执行器运动的初始时刻，由于需要较大的电流来启动，因此此时的干扰磁场也较强。同样在执行器反向运动时，需要加载大的反向电流。由于设计的双磁阻传感器受到的干扰信号是相反的，通过前述信号相加的处理方法，就能消除执行器运动引起外加磁场的干扰，试验结果如图 4.17 所示。

从图 4.17 中可以看出，在执行器运动过程中，在初始时刻的干扰最大，在反向运动时也是初始启动时的干扰最大。而通过双磁阻的差动后，无论是在执行器上升阶段还是下降阶段干扰可以有效地消除。

为了进一步验证双磁阻对其他外界磁场的抗干扰能力，在传感器周围外加一个磁钢模拟其他干扰磁场对测试结果的影响，试验结果如图 4.18 所示。从图中可以看出，外加一个干扰的磁场后，传感器的输出能够保证其稳定工作。经过计算结果见表 4.4，经过设计的差动式磁阻位移传感器和单个磁阻相对比，干扰量的 A/D 值 A 传感器为 $-138 \sim 1269$、B 传感器为 $-1278 \sim 163$，信号相加后降低到 $-111 \sim 0$。可以看出通过双磁阻的差动方案，干扰得到有效抑制，满足对直线位移的精准测量。

4.4.4　磁阻位移传感器的标定

传感器除了要满足实际的测试精度要求外，还要对其进行标定，与精度更高的激光位移传感器进行标定，以确保其线性度和重复性的要求。因此通过试验测试，将所设计的磁

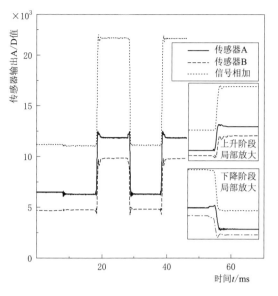

图 4.17　传感器动态测试结果

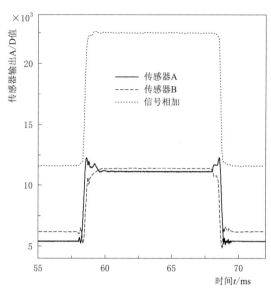

图 4.18　加载干扰磁场时的传感器动态测试结果

表 4.4　　　　　　　　　　　　传 感 器 输 出 A/D 值

传感器	静态时 A/D 值	干扰时 A/D 值 （max/min）	干扰量 A/D 值	稳态时 A/D 值	干扰时 A/D 值	稳态时干扰量 A/D 值
传感器 A	5416	5711/5278	−138＋295	11001	12270	1269
传感器 B	6204	6367/5890	＋163−314	11318	10040	−1278
差动信号	11621	11621/11510	0−111	22319	22308	−61

阻式位移传感器和激光位移传感器进行对比标定，在测量行程内采集 5 个点，静态测试各个点的磁阻输出 A/D 值，重复测量各个点三次求平均值。试验过程中同时采样两个位移传感器的输出 A/D 值，并分别以激光输出的 A/D 值作为横坐标，以磁阻式位移传感器的输出 A/D 值作为纵坐标，输出数据绘制在同一坐标系下，并和理想的线性拟合曲线相对比，其结果如图 4.19 所示。

非线性误差即线性度为实际静态曲线和拟合直线之间的偏差，计算公式为

$$\delta_L = \pm \frac{L}{Y_{FS}} \times 100\% \tag{4.8}$$

式中：δ_L 为线性度；L 为最大非线性绝对误差；Y_{FS} 为输出满量程。

在 MATLAB 下求解出最大线性绝对误差 A/D 值为 18.9696，磁阻传感器输出满量程为 3087（6730～9817）。因此线性度为 ±0.61%。由图 4.19 中可以看出，在直接驱动的流体控制阀运行过程中，与理想的线性拟合曲线相对比，磁阻式位移传感器有较好的线性度，精度满足直接驱动的流体控制阀系统对位移传感器的性能要求。

为了验证磁阻式位移传感器的重复性，分别试验三次测试传感器的输出，重复性测试的结果如图 4.20 所示。

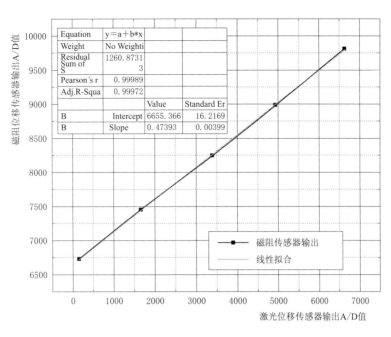

图 4.19 磁阻式位移传感器的线性度

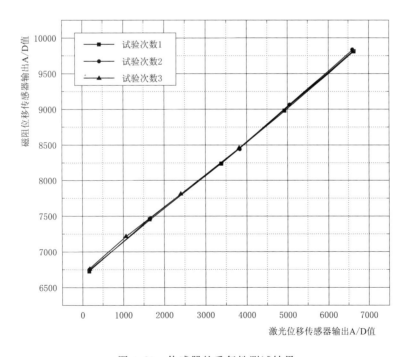

图 4.20 传感器的重复性测试结果

由图中可以看出，经过多次的重复试验测试，所设计的传感器重复性较好，能够确保在实际测试系统中的使用。

传感器在正行程（输入量增大）和反行程（输入量减少）期间输出与输入特性曲线不重合的程度称为迟滞误差，其计算公式为

$$\delta_h = \pm \frac{h}{2Y_{FS}} \times 100\%$$

(4.9)

磁阻式位移传感器的迟滞性测试结果如图 4.21 所示。在 Matlab 下求解，传感器正反行程的输出值间的最大误差 A/D 值为 50，因此迟滞误差为 $\pm 0.81\%$。

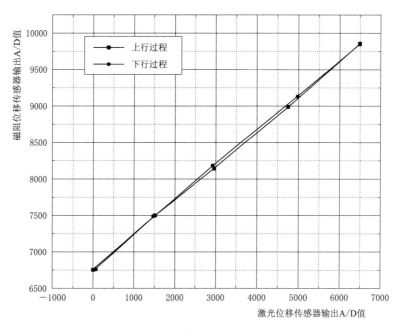

图 4.21 传感器的迟滞性测试结果

4.5 本 章 小 结

本章针对磁阻式直线位移传感器进行了深入细致的分析与研究，初步完成以下成果：

（1）建立了磁阻式位移传感器的偏置磁场的三维仿真模型，通过对磁钢的布置区域的磁场强度和磁场角度进行仿真模拟，从而确定合适的布置区域。

（2）完成了一种差动式磁阻位移传感器的方案设计，通过双磁阻差动的布置，有效减少干扰对磁场测量结果的影响，提高传感器的测试精度。

（3）搭建了传感器的试验测试平台，对所设计的传感器进行了静态和动态测试，验证了方案的可行性，所设计的传感器的精度能够达到直接驱动的流体控制阀系统对直线位移的感测性能与要求。

（4）对所设计的传感器进行了标定，和激光位移传感器进行对比，磁阻式位移传感器的输出精度较高，线性度为 $\pm 0.61\%$，迟滞误差为 $\pm 0.81\%$，具有较好的重复性，能够满足实际测试系统的使用。

第5章 直接驱动的流体控制阀连续升程控制研究

直接驱动流体控制阀的升程要获得高精度的控制，需要在研究系统机理的基础上，选取合适的控制策略。由于电磁直线执行器直接驱动流体控制阀系统是一个非线性系统，可控性差，单一的控制策略已经很难满足其控制的要求。

在本书中，首先提出了直接驱动流体控制阀连续控制的总体方案，为了提高逆系统控制策略的适应性，设计了基于逆系统控制和 PI 控制相结合的复合控制策略，在距离目标位置远时，采用逆系统控制方法；而在接近目标位置时，切换为增量式 PI 控制。在直接驱动流体控制阀系统方程组的基础上，分析求解到原系统的逆系统和伪线性系统，进而利用线性系统状态反馈的方法，设计出逆系统的输出控制量；设计 PI 控制，利用误差的累积乘以一个增益值后的控制量，构成前馈补偿，将其输出和逆系统的输出组成新的控制量共同作用于控制系统。

另外为了防止出现由初始位置偏差较大引起系统的超调和不稳定，对控制算法进行了改进，增加了过渡过程；为了适应不同升程对控制参数的需求，采用增益调度的控制算法，利用不同的增益系数调节以提高控制的精度；为了防止控制算法切换时的抖动，采用模糊规则切换。然后将设计的控制器集成到系统仿真模型和 DSP 控制器的系统软件中，进行仿真和试验研究，并和单一的逆系统控制策略进行了对比分析。

仿真和试验结果表明，采用复合的控制策略，无论是在开关阀模式还是在伺服阀模式下，都能够满足系统的性能要求。开关阀模式下能够在可变的工作周期以内，实现定时开启并保持给定时间后关闭，并且有相应的落座控制；伺服阀模式下，实现了 $0 \sim 4\text{mm}$ 升程范围内的任意位置定位的目标，定位精度达到 $\pm 0.02\text{mm}$，响应时间小于 10ms。

5.1 直接驱动的流体控制阀连续升程控制方案

本书是针对流体控制阀升程进行任意位置的控制，在开关阀模式时，为连续升程控制中的某一固定升程。因此系统应该具有以下特点：

（1）流体控制阀的阀芯可以固定在升程范围内的任意位置，可以实现连续无级可调；

（2）系统应具有较快的响应速度；

（3）系统应该具有较高的控制精度；

（4）系统运行稳定可靠，具有一定的抗干扰摄动能力；

（5）系统具有一定的鲁棒性。

针对以上特点和实际的需求，提出整个系统的性能指标见表 5.1。

表 5.1		直接驱动的流体控制阀的技术参数	
参　数	数　值	参　数	数　值
升程	0～4mm 连续可调	响应时间	≤10ms
精度	±0.02mm		

　　将流体控制阀的升程控制分为开启、关闭和保持三个阶段，控制算法上分为逆系统控制和逆系统加 PI 控制两种，如图 5.1 所示。

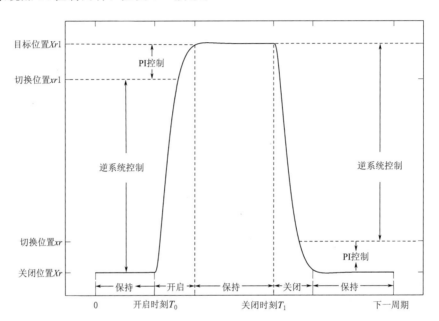

图 5.1　直接驱动的流体控制阀的阀芯升程控制阶段

　　当收到流体控制阀开启的指令后，电磁直线执行器直接驱动的流体控制阀首先撤销保持力，从保持阶段进入开启阶段，直至到达指定的目标升程，达到预定的目标升程后保持此位置；当收到关闭的命令后，再执行关闭的程序，进入关闭阶段，完全关闭后保持关闭状态，直至下一个工作循环的开启。

　　在开启阶段，小于目标升程 $Xr1$ 之前，采用逆系统的控制参数运行，而在大于切换位置 $xr1$ 直到达到目标升程 $Xr1$ 采用 PI 控制；而在关闭阶段，当收到关闭指令后，在到达切换位置 xr 之前，采用逆系统控制，小于切换位置 xr 到关闭位置 Xr 采用 PI 控制。

　　本书在前期针对固定升程的调节时，采用单一的逆系统控制方案，对系统的快速响应有诸多优势，但在进行对任意升程调节的试验时发现，利用同一组控制参数无法满足对任意升程的精准控制，升程改变时就要随之调节控制参数，多组控制参数的调节使得系统控制过于复杂，不具备适应性和算法的移植性。而采用 PID 控制方法，能够实现对位置的精准控制，但对传感器的精度要求较高，而且因为微分系数较大，容易造成系统的不稳定，同时增加了系统的调节时间，对高响应的要求无法满足。要实现连续可调的要求，一方面要在稳态响应时，尽可能地满足控制精度的性能指标；另一方面在瞬态响应时，响应要足够快，尽可能地缩短到达目标位置的调节时间。因此综合两种控制策略的优点，提出一种基于逆系统加 PI 控制的复合控制策略。

5.2 直接驱动的流体控制阀的逆系统算法设计

5.2.1 逆系统的原理和方法

逆系统方法的基本思想是：对于给定的系统，首先用对象的模型生成一种可用反馈方法实现的原系统的"α 阶积分逆系统"，将对象补偿成为具有线性传递关系的且已解耦的一种规范化系统（称为伪线性系统），然后再用逆系统的各种设计理论来完成伪线性系统的综合[105]。

逆系统方法综合控制系统的原理和方法，通常分为四个步骤：

1) 根据原系统 Σ 求出其逆系统 Π，并同时确定其初值 $\tilde{\tilde{x}}_0$。

2) 由进一步求出相应的 α 阶积分逆系统 Π_α，并同时确定其初值 $\tilde{\tilde{x}}_0$。

3) 由 Π_α 和 Σ 一起构成伪线性系统，$\Sigma\Pi_\alpha$ 并将其实现为尽可能简化的和采用反馈结构的等价形式；将 Π_α 中可由如图 5.2 中虚线框所示。

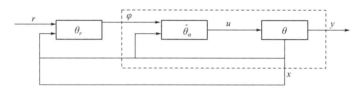

图 5.2　逆系统结构示意图

4) 将上述具有反馈结构的伪线性系统作为被控对象，根据设计目标，按线性系统的方法设计出所要求的控制系统。

上述设计过程可以用图 5.2 所示，其中为参考输入，即目标值，表示线性控制器部分。从设计的过程可以看出，实质上就是求解状态反馈（包括结合动态补偿）的问题，与线性系统中的状态反馈理论相同，在有些全状态无法直接测量的场合，需要建立状态的观测和重构。

直接驱动的流体控制阀系统可以看作是一个单输入单输出的系统（SISO），其输入为控制电压，输出为控制阀的升程 S。微分方程的表达形式为

$$\begin{cases} \dot{I} = -RI/L - k_m v/L + u/L \\ \dot{v} = k_m I/m - cv/m \\ \dot{S} = v \end{cases} \tag{5.1}$$

选取状态变量 $[x_1, x_2, x_3]^T = [I, v, S]^T$，推导出输出 y 到显含输入 u 的表达式为

$$u = \frac{mL}{k_m}\dddot{y} + \frac{cL}{k_m}\ddot{y} + k_m\dot{y} + x_1 R \tag{5.2}$$

记 $y^{(n)} = \varphi$ 即可得到系统 Σ 的 n 阶积分逆系统 Π_n，将逆系统串联到原系统之前，即可得到伪线性系统，然后将 n 阶积分逆系统的变量 $\dot{y}$、$\ddot{y}$、$\dddot{y}$ 由原系统中相应变量的反馈

代替，即可进一步构成具有反馈结构的伪线性系统。

通过逆系统的线性传递关系，将非线性系统转换为线性系统，就可以用线性系统控制理论中的设计准则来进行控制，常见的有极点配置法、线性二次型最优调节和鲁棒伺服调节器设计准则。为了使得直接驱动的流体控制阀能够更好的跟踪给定信号的能力，在内部结构参数发生变化时依然能够保持稳定，即鲁棒性，因此选择鲁棒伺服调节器设计。

5.2.2　具有鲁棒性的控制器设计

图 5.3 所示为具有鲁棒性的伺服系统的结构。

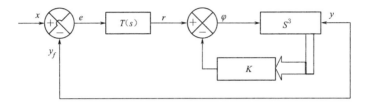

图 5.3　鲁棒性伺服控制器的结构

鲁棒调节器的设计目标是，通过选取图 5.3 中的 K 和 $T(s)$ 使得系统的输出 $y(t)$ 能够无静差的跟踪参考输入信号 $x(t)$，为此假定系统的参考输入信号 $x(t)$ 满足方程：

$$k(D) \cdot x(t) = 0 \qquad (5.3)$$

根据内模原理可知，为了使 $y(t)$ 能渐近地跟踪信号 $x(t)$，需要调节器 $T(s)$ 中含有 $k(s)$ 的全部零点作为其极点，并且这些极点不能被开环传递函数中的任何零点消除。根据这个需求，$T(s)$ 中需包含 $k(s) = s$ 的零点为其极点，即具有积分环节 $1/s$。按此要求，$T(s)$ 的选取形式为

$$T(s) = \frac{D(s)}{k(s)} = \frac{k_0 + k_1 s}{s} \qquad (5.4)$$

记 $\dfrac{y(s)}{T(s)} = \dfrac{1}{s^n + a_{n-1}s^{n-1} + \cdots + a_0} \overset{\Delta}{=} \dfrac{1}{Q(s)}$，则总的误差传递函数为

$$\frac{e(s)}{x(s)} = \frac{1}{1 + T(s)/Q(s)} = \frac{k(s)Q(s)}{k(s)Q(s) + L(s)} \qquad (5.5)$$

通过选取合适的 $Q(s)$ 和 $L(s)$ 的参数，可使特征多项式 $k(s)Q(s) + L(s)$ 的根得到配置，使闭环系统为渐近稳定且具有满意的动态特性。而由系统内部各状态引起的误差将总会趋于 0。因此保证设计的控制系统为鲁棒伺服系统。

上述讨论是建立在 $x(t)$ 为给定的轨迹函数，当信号 $x(t)$ 为常值 r_0 时，常数可以看作是一个积分器的零输入响应，因此有 $D(r_0) = 0$，从而 $k(D) = D_0$，按照内模原理，当选择上图的结构时，$T(s)$ 需要包含 $k(s) = s$ 的零点作为其极点。因此可以先设计内环的参数，然后再确定 $T(s)$ 的参数。

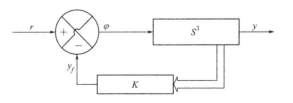

图 5.4　鲁棒性伺服控制器的简化结构

由图 5.4 构成的系统的传递函数为

$$\frac{Y(s)}{R(s)} = \frac{1}{s^3 + a_2 s^2 + a_1 s + a_0} \tag{5.6}$$

$$\varphi = r - (a_2 \ddot{y} + a_1 \dot{y} + a_0 y) \tag{5.7}$$

对闭环系统参数的选取直接决定着系统的性能，可以直接利用线性系统理论中的参数选取原则来设计，一般选取具有简单主导极点结构的系统，所谓主导极点是决定于离虚轴最近，且不构成偶极子的一批极、零点。在此基础上将系统设计具有一对复数主导极点，而其他极点或与零点构成偶极子，这样就可以利用二阶或三阶系统瞬态分析的全部结果来确定系统的参数[106]。如上分析，建立的伪线性系统为三阶系统，将三阶系统的特征方程写成

$$(s^2 + 2\zeta\omega_n s + \omega_n^2)(s + \zeta\omega_n) = 0 \tag{5.8}$$

式中：ζ 为阻尼系数，它决定了阶跃响应过渡过程曲线的形状；ω_n 为自然频率，决定系统响应的快慢。

为了使得系统具有较快的响应，$\zeta = 0.8$，过渡时间为 10ms，由 $t_r = \dfrac{3.5}{\zeta\omega_n} = 10 \times 10^{-3} s$，从而求解出 $\omega_n = 437.5$，由待定系数法确定参数值为

$$\begin{cases} a_0 = \omega_n^3 \zeta = 66762762 \\ a_1 = (2\zeta^2 + 1)\omega_n^2 = 435409 \\ a_3 = 3\zeta\omega_n = 1048 \end{cases} \tag{5.9}$$

5.3 直接驱动的流体控制阀的 PID 算法设计

5.3.1 PID 原理

PID 控制是在控制早期发展起来的线性控制理论，在对控制精度和速度要求不高的过程控制和运动控制中得到了广泛的应用。

PID 控制器是将误差的比例（现在）、积分（过去）和微分（将来）的线性组合构成控制量对被控制对象进行控制，其中的微分信号由于微分器物理不可实现，只能采用微分近似公式来实现，特别是当误差信号含有噪声时，经过近似处理的微分环节会同时经噪声信号进行放大，导致误差的微分信号无法准确获取。因此在实际使用时，常常采用 PI 控制来实现。

PI 控制又分为位置式 PI 和增量式 PI。位置式 PI 控制的输出与整个状态有关，需要对误差进行累加，运算量大，这对实际的控制器是不利的；而增量式 PI 计算的输出量对应的是本次位置的增量，而不是实际位置，因此对控制器出现故障时，位置式 PI 会使得控制量的大幅度变化引起执行器位置的大幅度变化，而由于增量式是控制增量，就可仍然保持原位不会严重影响系统的工作。

5.3.2 增量式 PI 算法

PI 控制算法的基本表达式可以表示为

$$U(t) = K_p \left[e(t) + \frac{1}{T_i} \int_0^t e(t) \mathrm{d}t \right] \tag{5.10}$$

将其离散化，积分项用求和来实现，就可以得到位置式 PI 的表达式

$$U(k) = K_p \left[e(k) - e(k-1) \right] + K_i \sum_{j=0}^{k} e(j) \tag{5.11}$$

式中：$K_i = \dfrac{K_p \cdot T}{T_i}$；$T$ 为采样时间；T_i 为积分时间。

利用算式 $U(k) = U(k-1) + \Delta U(k)$ 代替上式，采用积分作用来消除稳态误差，增量式 PI 可以表示为

$$
\begin{aligned}
\Delta U(k) &= U(k) - U(k-1) \\
&= K_p \left[e(k) + \frac{T}{T_i} \sum_{j=0}^{k} e(j) \right] - K_p \left[e(k-1) + \frac{T}{T_i} \sum_{j=0}^{k} e(j) \right] \\
&= K_p \left[e(k) - e(k-1) \right] + K_i \left[e(k) \right]
\end{aligned} \tag{5.12}
$$

式中：k 为采样序号；K_p 为比例系数；K_i 为积分系数；$\Delta U(k)$ 为第 k 次采样时刻的输出控制增量；$U(k)$、$U(k-1)$ 分别为第 k 次和第 $k-1$ 次采样时刻的输出控制量；$e(k)$ 和 $e(k-1)$ 为第 k 次和第 $k-1$ 次采样时刻的误差值。

比例系数 K_p 是加速系统的响应，提高系统的调节精度，K_p 越大，系统的响应也越快，系统的调节精度也越高，但是容易造成系统的不稳定；反之，K_p 值过小，就会降低调节精度，响应变缓慢，延长调节时间。比例控制的优点是误差作用一旦产生，控制器就能立即起作用，使被控量朝着减少误差的方向变化，而比例系数的大小决定着这种控制作用的强弱。

积分系数 K_i 的作用是用来抵消系统的稳态误差，K_i 越大，系统的静态误差消除的也越快，若 K_i 过大，会在响应过程的初期产生积分饱和的现象，从而引起超调的现象；K_i 过小，使系统的静态误差难以消除，影响系统的控制精度。积分作用能够对误差进行记忆并累积，这对消除静态误差有很好的作用，但是积分作用有滞后性。参数的确定采用实验"试凑法"，模拟或闭环运行系统来观察系统的响应曲线，然后根据各控制参数对系统响应的大致影响来改变参数，直至满意的响应为止。

PI 算法流程图如图 5.5 所示。

5.3.3　PI 算法的改进

PI 控制算法的精髓是"基于误差来消除误差"。在实际的控制过程中，给定的目标位置较大时，PI 控制直接取实际值和目标值之间的误差，此时初始的误差较大，导致控制量也较大，逆系统和 PI 控制的参数也会随之大幅度变化，系统容易出现超调，使控制系统的性能下降。

因此，选择对给定目标值安排合适的过渡过程，降低初始控制量，使被控量跟踪安排好的过渡过程，减少超调，最终达到目标值。安排过渡过程，也称为轨迹规划，目的是当目标值为突变的信号时，而被控量因为是动态闭环的输出值并带具有一定的惯性，其变化不可能跳变，而此时若直接利用目标值和被控量之间的误差来计算控制量，就会出现超调。

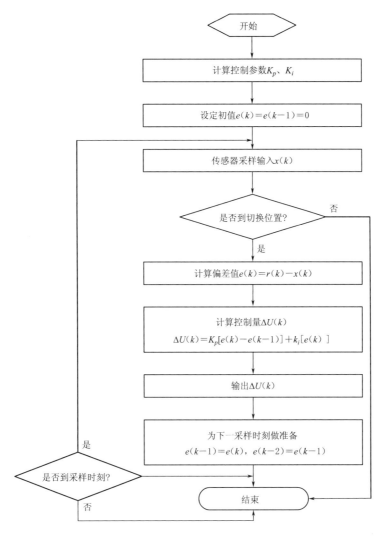

图 5.5 PI 算法流程图

过渡过程的离散形式可以表示为

$$y(k) = y(k-1) + r[Xr - y(k)]$$

$$(5.13)$$

式中：$y(k)$ 为目标值；k、$k-1$ 分别为第 k 个和第 $k-1$ 个的采样时刻；Xr 为设定的最终目标位置；r 称为速度因子，可以用来调节过渡过程的快慢。

设定的过渡过程的目标给定与优化前给定的目标值相比，如图 5.6 所示。

从图 5.6 中可以看出，对目标位置安排过渡过程，在开启阶段，使得被控量

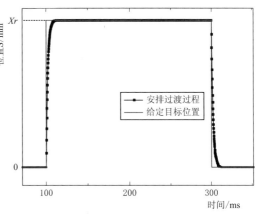

图 5.6 安排过渡过程

X 变成为一个逐渐增加的缓和过程。在初期，由于 $Xr-y(k)$ 较大，每个采样时刻之间的变化加大，输出值也稀疏，随着目标位置的接近，误差逐渐减小，输出值密集，最终稳定在目标位置。反之，在关闭阶段，在接近关闭位置时，给一缓慢过渡过程，有利于阀芯的缓落座。

5.3.4　增益调度控制算法

采用固定参数控制器对电磁直线执行器的连续升程控制时，无法满足系统对快速性和精准性的要求，且在运行不同的目标升程时的速度和加速度不同导致性能无法达到一致性的效果，需要不断地调整控制器的参数以适应不同位置的控制精度。而在实际应用过程中，通过不断的调节控制器的参数以达到系统所要求的控制效果是不可行的，因此考虑到上述问题，采用增益调度的自适应思想，设计基于增益调度的控制算法，以使得系统在外界条件变化的情况下，依然能够通过自我调节达到要求的性能。

在逆系统加 PI 前馈控制算法的基础上，针对不同升程，采用同一组参数能够达到所要求的精度，但是调节时间相对较长，系统的响应速度和控制精度是相互矛盾的两个量，如何达到二者之间的一个平衡，是控制系统重点考虑的问题之一。因此，在考虑确定 PI 系数时，在误差大时，采用大的比例系数和小的积分系数，以尽可能发挥执行器的加、减速的性能；而在误差较小时，采用小的比例系数和大的积分系数，以提高最终稳态时的精度，尽可能地减少误差。

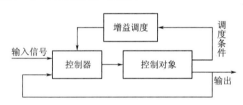

图 5.7　增益调度控制框图

增益调度的思想是：利用辅助变量测出环境或者被控对象自身的变化，比如"增益"的变化，然后利用控制器补偿这种"增益"变化所引起的控制系统性能的降低。其结构如图 5.7 所示。

采用增益调度的控制算法时，首先要知道在不同的工作条件下，比例和积分系数可能的变化范围，在确定的变化范围之内，在实际运行时可以根据运行的条件进行变化。为了确定增益 K_p 的变化范围 $[K_{p\min}, K_{p\max}]$，一般采用试验的方法来获得。对实际的控制系统来说，比例增益 K_p 过大会导致系统的超调较大甚至出现震荡，而过小又会造成系统的响应过慢或欠阻尼。因此在确定比例增益的范围时，可以选用在超调达到 20% 时的参数值 1.2 倍，最小值选取使得实际位置和目标位置的 80% 参数值的 0.8 倍。在此范围内的比例增益能够根据控制的位置误差大小进行有规律的变化，使得能够在误差较大时采用大的比例增益系数，而误差小时采用小的比例增益。一般通过三种差值方法来实现，分别是指数变化、线性变化和对数变化。为了在实际程序中实现，采用线性的变化，其表达式为

$$K_p(t) = K_{p\max} - (K_{p\max} - K_{p\min}) \frac{|e_{\max}| - \alpha |e(t)|}{|e_{\max}|} \qquad (5.14)$$

式中：$|e_{\max}|$ 为位置误差，可以在试验中得到；系数 α 为变化速率，用来决定比例增益在最大值和最小值之间的变化快慢。

试验中首先固定积分增益的值，然后用上述差值方法实现比例增益的变化，选取其中的 7 个值的增益，输入信号为单位阶跃信号，其输出结果分别如图 5.8 所示。

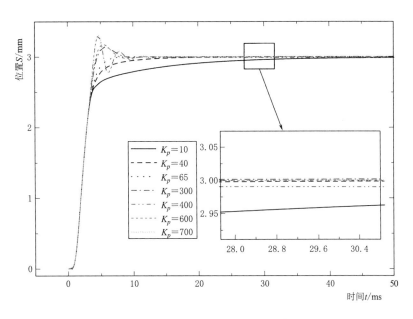

图 5.8　增益变化对输出的影响

由图可以看出，增益过小，导致系统响应变慢，出现欠阻尼的状态；而随着增益系数的增大，系统响应变快，但是随着增益的不断变大，系统出现了超调和震荡的情形。

而积分增益 K_I 的取值，在误差较大时，应选用较小的增益值，而进入稳态过程时则采用较大的增益以消除稳态误差，而且在系统运行过程中应避免出现较大的变化，因此需要一种可以连续光滑变化的方法，基于此采用如下的差值算法

$$K_I(t) = [1 - \gamma(t)] K_{I\max}$$
$$\gamma(t) = \tanh[2\beta(t)] \tag{5.15}$$

其中，$\beta(t) = \begin{cases} e(t) - \varepsilon & |e(t)| \geqslant \varepsilon > 0 \\ 0 & |e(t)| \leqslant \varepsilon \end{cases}$。从式中可以看出，当误差很小时，$\gamma(t)$ 近似为 0，积分增益为最大值；而当误差较大时，$\gamma(t)$ 无限逼近于 1，从而积分增益取最小值接近为 0。因此可以看出，积分增益随着 $\gamma(t)$ 的变化而进行不断调整，从而达到最终的控制效果。

5.3.5　复合控制算法的切换

电磁直线执行器直接驱动的流体控制阀系统采用的是逆系统和 PI 的两种复合控制，复合控制方法实现的核心是两种方法之间的平滑切换，通常有两种切换方式，第一种是采用预先设定阈值，由程序自动切换。但是采用这种切换方式时，一方面切换值难以选择恰当，不易解决系统响应的快速性和超调量之间的矛盾；另一方面是难以保证系统由一种控制方式向另外一种控制方式过渡时实现无扰动切换，从而延长了系统的调节时间。第二种

是基于模糊规则切换的方式。采用这种切换方式的特点是作用于被控对象的控制量是两种控制器的加权混合输出，结合两种控制器的优点；其次是在控制过程中，两种控制的权重实现自动调整。

模糊切换的原理如图 5.9（a）所示，以 e 作为输入，u 作为输出。隶属函数如图 5.9（b）所示。模糊切换规则为

IF "e" is "$z(e)$" then "u" is "u_{IS}" ELSE "u" is "u_{PI}"

规则中：u_{IS} 为逆系统的输出；u_{PI} 为 PI 控制的输出；$z(e)$ 为模糊切换规则的隶属度函数；通过改变 a 的值获得不同的控制强度分量。

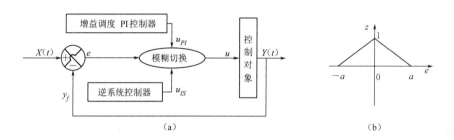

（a）　　　　　　　　　　　　　　　　　　（b）

图 5.9　模糊切换原理图

图（b）中的 a 的值要根据系统要求取定来获取不同的控制强度分量，其控制算法为

$$\omega_{PI} = z(e) \tag{5.16}$$

$$\omega_{IS} = 1 - z(e) \tag{5.17}$$

$$u = \frac{\omega_{PI} u_{PI} + \omega_{IS} u_{IS}}{\omega_{PI} + \omega_{IS}} = \omega_{PI} u_{PI} + \omega_{IS} u_{IS} \tag{5.18}$$

式中：ω_{PI} 为输入偏差 e 时 PI 控制器的输出强度系数；ω_{IS} 为输入偏差 e 时逆系统控制器的输出强度系数；u_{PI} 为 PI 控制器的输出；u_{IS} 为逆系统控制器的输出。

从上述分析可知，只有当系统响应进入稳态时，误差很小，此时 PI 控制器起主要作用；在暂态过程阶段，起主要作用的是逆系统控制器。故此复合控制器保留了逆系统控制器和传统 PI 的优点，它实现了两种控制方式之间的平稳过渡，避免了一般复合控制按阈值进行切换的弱点。

5.4　仿真与试验研究

为了验证所采用的算法的可行性，在 Matlab/Simulink 下建立仿真模型，将以上所求得的逆系统、过渡过程、增益调度 PI、状态观测器和状态控制器连接起来。仿真模型的框图如图 5.10 所示，给定目标位置，在初始时采用逆系统进行控制，在接近目标位置时，满足模糊切换条件时，将 PI 控制的输出 u_{PI} 加载进去，形成的控制量 U 给电磁直线执行器直接驱动的流体控制阀，通过 PI 控制算法，根据误差的大小，不断地进行自动调节控制量，从而最终达到稳定的输出。

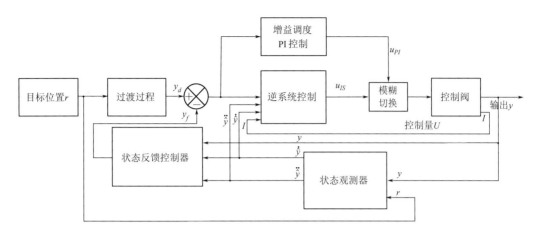

图 5.10　仿真模型的结构框图

5.4.1　开关阀模式下的仿真与试验

直接驱动的流体控制阀系统在开关阀工作模式下，要能够在可变的工作周期以内，实现定时开启并保持给定时间后关闭，而且还要有相应的落座控制，以减少撞击。因此在建立仿真模型的基础上对开关阀模式进行了仿真分析。

（1）固定升程的仿真与试验研究。为了验证所设计的控制算法的可行性，仿真验证在开关阀模式下直接驱动的流体控制阀的输出，按照发动机气体燃料喷射阀的应用要求，设定升程为 4mm，周期为 40ms，仿真与试验结果如图 5.11 所示。

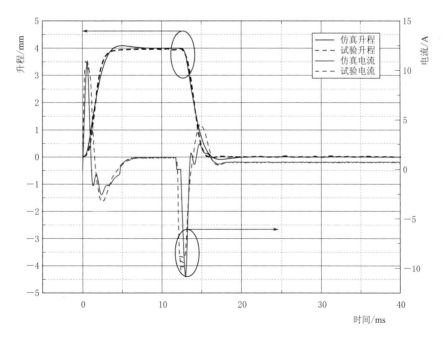

图 5.11　固定升程的仿真与试验结果

从图中可以看出，直接驱动的流体控制阀在目标升程为 4mm 时，从启动到达到目标升程的时间为 3.7ms，稳态误差 ±0.01mm。试验和仿真结果相吻合，为了在达到目标升程和关闭时的密闭性，分别加载了不同的保持电流。

（2）定时开启的仿真。在开关阀模式下工作的直接驱动的流体控制阀，要能够根据实际的运行工况，实现给定时间的开启和关闭。图 5.12 为流体控制阀的开启后持续时间不变，通过改变不同开启的时刻来实现定时开启的仿真结果。设定工作周期为 40ms，分别延时 4ms 和 8ms。

（3）不同开启持续时间的仿真。图 5.13 为流体控制阀的开启时刻不变，通过改变阀的关闭时刻来改变开启持续时间的仿真结果，图中相邻曲线间的开启持续时间的间隔为 4ms。

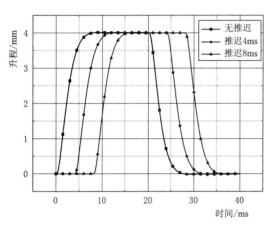 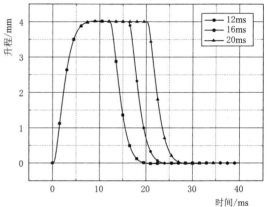

图 5.12　不同定时开启的仿真结果　　　　图 5.13　不同开启持续时间的仿真结果

（4）落座控制的仿真与试验。应用电磁直线执行器直接驱动的流体控制阀在开关阀的工作模式时，需要降低因频繁开闭锁引起的冲击磨损，传统的开关阀一般采用缓冲机制或者采用弹簧复位等方式，但是会带来弹簧疲劳磨损引起的寿命问题。因此，在控制策略上通过降低流体控制阀在开闭时落座速度，能够有效地减少撞击磨损，提高阀的寿命和稳定性。图 5.14 为流体控制阀的落座控制的仿真与试验结果。

从图中可以看出，直接驱动的流体控制阀在开启和关闭时的落座速度有效降低到 ±0.05m/s，试验和仿真的结果一致。

5.4.2　不同升程下的仿真与试验结果对比

将所设计的控制器加入系统的仿真模型和 DSP 控制程序中，对控制算法的有效性进行仿真和试验的验证。对所设计的要求在任意位置的阀芯升程，所设置 0～4mm 的升程范围内进行划分，初始划分为 8 个升程，0.5mm 为一段，然后再验证更小的升程如 16 个升程，试验的结果只给出 8 个升程的仿真和试验结果。其他的升程也能达到此效果，可以达到 0～4mm 的升程范围内连续可调，并不仅仅限于图示的可调方案，在此不再赘述。

图 5.15 分别给出了在连续升程下的仿真与试验结果，目标位置设置了 8 个，分别为

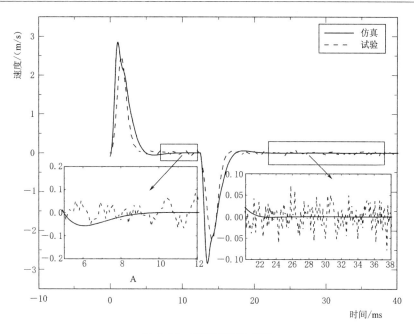

图 5.14　落座速度的控制

4.0mm、3.5mm、3.0mm、2.5mm、2.0mm、1.5mm、1.0mm、0.5mm。每个工作循环的周期为 400ms，开启之后保持 200ms，然后关闭。

　　从图中可以看出，在不同的目标位置下，试验的结果和仿真一致性较好，验证了算法在改变升程下的适应性，当目标升程改变时，而不需要再重新更改控制参数。从结果对比可以看出，上升达到稳态的时间要比仿真的缓慢一些。在实际的控制中，为了防止出现超调，出现超过目标位置和关闭时的撞击，将比例系数降低，以牺牲调节时间来换取稳态时的精度。

　　试验的误差统计见表 5.2，结果可以得出，同一组参数能够实现不同升程，稳态误差在 ±0.02mm 的范围验证了算法的可行性。选取切换位置采用模糊切换时，改用逆系统和增益调度 PI 综合控制，相比只采用单一的逆系统控制方法，能够自动的调节稳态时的误差，直至稳态误差达到性能要求。

表 5.2　　　　　　　　　　　　不 同 升 程 下 的 误 差

升程/mm	最大值/mm	最小值/mm	范　围/mm	采样点均值/mm
0.5	0.52	0.49	$-0.01\sim0.02$	0.007
1.0	1.02	1.00	$0\sim0.02$	0.009
1.5	1.52	1.50	$0\sim0.02$	0.0095
2.0	2.02	1.99	$-0.01\sim0.02$	0.003
2.5	2.51	2.49	$-0.01\sim0.01$	0.005
3.0	3.01	2.98	$-0.02\sim0.01$	-0.004
3.5	3.53	3.48	$-0.02\sim0.02$	-0.002
4.0	4.00	3.97	$0\sim0.02$	-0.01

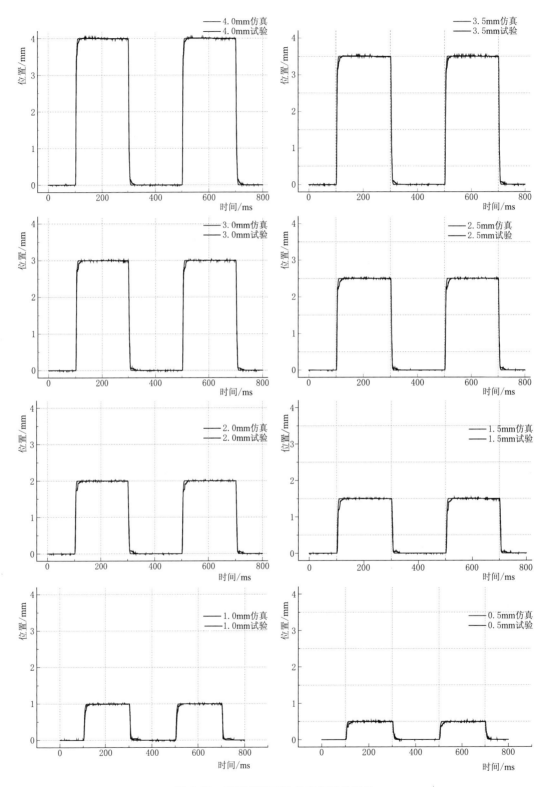

图 5.15　不同升程下的仿真与试验对比

5.4.3　不同控制策略下的试验对比

为了验证所设计的控制策略的有效性，试验设计了三种控制策略下针对某一升程的控制效果，目标升程为 3mm，控制算法采用逆系统、逆系统＋PI 和逆系统＋增益调度 PI，见表 5.3。试验结果如图 5.16 所示。

表 5.3　　　　　　　　　　　　　三种控制方案的对比

性　能	逆系统	逆系统＋PI	逆系统＋增益调度 PI
响应时间	快	中	慢
稳态精度	低	中	高

从表 5.3 中列出的三种控制策略的控制效果可以看出，对单一的采用逆系统控制策略，当参数不经过手动反复的调节，只是按照固定的参数，其控制的输出结果要超出目标升程，这是由于控制的各个参数是采用在其他升程下的值；而当控制的结果超出目标位置后，其并不能通过自动的调节回到目标位置。而增加 PI 进行补偿后，基于误差的 PI 的控制策略，能够将最终的稳态值稳定在目标升程。只要存在误差，就会起作用，所以 PI 能够增加其控制的精度，但是系统容易出现超调。

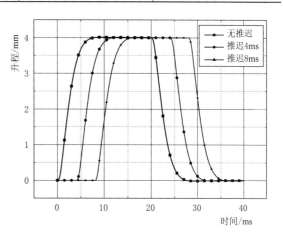

图 5.16　不同控制策略的对比

通过调度增益的 PI 调节后，既能稳态达到目标升程，而且能防止出现超调和震荡。

从控制效果上来看，只使用逆系统的控制方案，响应时间要比其他两种控制策略小，这也是逆系统的优势，而稳态精度要差于其他的两种方案。而增加 PI 环节后，要增加系统的调节时间，通过误差的不断缩小，所以在牺牲了响应时间达到稳态精度的要求。

5.5　本　章　小　结

为了实现电磁直线执行器直接驱动的流体控制阀系统的连续升程控制，本书通过仿真模拟和试验验证的方法，实现了直接驱动的流体控制阀的高精度连续控制，取得以下成果：

（1）设计了逆系统和增益调度的 PI 相结合的控制方案，结合逆系统响应速度快和 PI 控制的精准性的优势，实现直接驱动的流体控制阀升程在 0～4mm 范围内任意位置定位的目标。

（2）仿真和试验验证了开关阀模式下能够在可变的工作周期以内，实现定时开启并保持给定时间后关闭，并且有相应的落座控制。

（3）为了验证控制的效果，对比逆系统、逆系统＋PI 和逆系统＋增益调度 PI 三种控制方案，结果表明：采用逆系统控制单一的控制策略，响应时间最快，但是稳态误差也最大；而采用逆系统＋增益调度 PI 的控制方法，要优于另外两种，在稳态误差的控制方面最好，达到±0.02mm，虽响应要略慢，但是依然能够满足小于 10ms 的控制目标。

（4）针对系统在初始位置时，目标位置和实际的采样位置偏差过大的问题，增加了过渡过程，并采用模糊切换规则，实现两种控制算法的自动切换，仿真和试验结果吻合度较好，验证了方案的可行性，算法对不同升程的适应性较好。

第6章 直接驱动的流体控制阀的无模型自适应控制

电磁直线执行器直接驱动的流体控制阀的控制算法除了要满足对精度和响应的需求之外，还要能够对阀的不同升程自适应。由于控制阀在实际工作过程中，要频繁的开启和关闭，并且要不断地调整升程，因此对控制算法来说，控制参数的设置要能够自适应不同升程的变化，而不需要在改变升程时随之过多的更改参数来实现。针对当前电磁直线执行器直接驱动的流体控制阀的控制算法中，由于负载的不同和干扰的存在，以及频繁地改变控制阀升程等原因，需要不断地调整参数以匹配实际的系统模型和所需的控制量，从而导致控制精度下降和适应性低等问题。

为了进一步降低算法对模型和参数准确性的依赖，提高算法的自适应能力，应用一种基于全格式动态线性化的无模型自适应控制策略，建立一种能够不依赖系统参数的非线性数学模型，通过特征量的辨识算法和控制算法的在线交互进行，实现对直接驱动的流体控制阀的自适应控制。在 Matlab/Simulink 下建立用于产生系统输入输出数据的虚拟数学模型，通过仿真模拟验证算法的可行性，并仿真计算存在干扰和负载力下的系统响应，最后搭建试验测试平台。试验结果表明，算法能够自适应直接驱动的流体控制阀 0～4mm 不同升程而不需要改变控制参数，且响应时间在 10ms 以内，稳态误差小于 0.03mm，具有较高的响应速度和控制精度。

6.1 无模型自适应控制概述

现代控制理论大体上可以分为两类：一种是基于模型的控制（model based control，MBC）；另一种是数据驱动控制（data driven control，DDC）。由于 MBC 控制理论是建立在对控制对象的精准建模基础上，而在实际的控制过程中，得到控制对象的准确模型是很困难的，导致控制效果不佳。而 DDC 是控制器设计不显含或者隐含受控过程的数学模型信息，仅利用受控系统的在线或者离线输入输出数据以及经过数据处理而得到的知识来设计控制器，并在一定的假设下有收敛性、稳定性保障和鲁棒性结论的控制理论。典型的数据驱动控制方法有 PID 控制，迭代学习控制（iterative learning control，ILC），无模型控制（model free adaptive control，MFAC）和去伪控制（unfasified control，UC）等[107,108]。

无模型自适应控制是学者韩忠生等人在 1994 年提出的，该方法针对离散时间非线性系统使用了一种新的动态线性化方法及伪偏导数的概念[109,110]。该方法不依赖系统的数学模型，通过特征量和控制算法的在线交互进行，实现了对泛模型的修正和系统的理想控制功能。与其他自适应的控制方法相比具有以下的优点[111]：

（1）MFAC 仅依赖于被控系统实时测量的数据，不依赖受控系统任何的数学模型信息，是一种数据驱动的控制方法；

（2）MFAC 不需要任何外在的测试信号或者训练过程，而这些是对于基于神经网络的非线性自适应控制方法所必需的，因此其成本较低；

（3）MFAC 方法简单，计算负担小，易于实现且鲁棒性强；

（4）MFAC 中基于紧格式和偏格式动态线性化方案可保证闭环系统跟踪误差的单调收敛性和有界输入有界输出稳定性；

（5）结构简单的偏格式 MFAC 方案在很多实际系统中得到成功的应用。

电磁直线执行器的负载在运行过程中经常发生变化和出现扰动，长时期运行时也会使黏性摩擦系数发生改变，这些因素也使得已优化整定好的控制器性能下降，甚至出现性能恶化的情况。当前针对电磁直线执行器的控制算法中，对控制过程中需要不断地调整参数问题，很大程度上是由于控制算法是基于系统的模型，而模型的精准性决定了控制算法的效果，所以需要调整实际的控制参数来实现最终的控制。因此如何消除执行器参数在运行中的变化和负载扰动等因素对系统的影响，提高系统的自适应性，是直接驱动的流体控制阀系统一直关注的问题，而采用不依赖系统模型的自适应控制算法可以有效地避开由模型参数的不准确带来的控制效果变差，以及能够自适应负载和运行状态的变化等问题。

6.2 无模型自适应控制的理论基础

无模型自适应控制的理论基础是"非参数模型"，也称为"泛模型"，其并不是彻底不需要模型，而是不需要辨识被控对象的全局动态模型，借助动态线性化技术，在每个采样时刻建立工作点附近的等价动态线性化数据。该数据模型是虚拟的，控制器只需要对象的输入输出数据。无模型自适应控制是一种集辨识和控制于一体的设计方法，是为了将控制系统设计的等价动态线性化方法。利用将离散时间非线性系统等价转换成一系列的基于 I/O 增量形式的动态线性化数据模型。其主要有三种形式，分别为紧格式动态线性化数据模型、偏格式动态线性化数据模型和全格式动态线性化数据模型。考虑到电磁直线执行器直接驱动的流体控制阀系统对准确性和响应的要求，本书采用的是无模型自适应控制中的全格式动态线性化方法。

电磁直线直接驱动的流体控制阀系统可以看作是离散时间的单输入单输出系统。输入为控制的电流或者电压信号，输出为升程。一般单输入单输出（single input single output，SISO）离散时间非线性系统表示为[112]

$$y(k+1)=f[y(k),\cdots,y(k-n_y),u(k),\cdots,u(k-n_u)] \tag{6.1}$$

式中：$u(k)$、$y(k)$ 分别表示系统在 k 时刻的输入和输出；n_y、n_u 为两个未知的正整数；f 为未知的非线性系统。

基于全格式动态线性化的数据模型可以表示为

$$\Delta y(k+1)=\Phi_{f,L_y,L_u}^T(k)\Delta H_{L_y,L_u}(k) \tag{6.2}$$

其中，$\Phi_{f,L_y,L_u}^T(k)=[\Phi_1(k),\cdots,\Phi_{L_y}(k),\Phi_{L_y+1}(k),\cdots,\Phi_{L_y+L_u}(k)]^T$ 为有界的伪梯

度，$\Delta H_{L_y,L_u}(k)=[\Delta y(k),\cdots,\Delta y(k-L_y+1),\Delta u(k),\cdots,\Delta u(k-L_u+1)]^T$，$L_y$ 和 L_u 为系统的伪阶数。也称之为控制输出线性化长度常数和控制输入线性化长度常数。

式中：$\Delta y(k+1)=y(k+1)-y(k)$ 表示为相邻两个采样时刻的输出变化；$\Delta u(k)=u(k)-u(k-1)$ 表示相邻两个采样时刻的输入变化。

为了使式（6.1）用式（6.2）进行合理的线性化代替，必须对控制输入的 $u(k)$ 的变化量加以限制，要在控制律算法中加入可调参数，用以限制的变化，使其变化不能太大，故考虑如下的一步向前预报控制输入准则函数选为

$$J[u(k)]=|y^*(k+1)-y(k+1)|^2+\lambda|u(k)-u(k-1)|^2 \tag{6.3}$$

准则函数中加入的引入，使得的变化受到限制，而且能够克服稳态跟踪误差，其中 λ 为权重因子。

将式（6.2）代入准则函数式（6.3）中，并对 $u(k)$ 求导，并令其等于0，得到

$$
\begin{aligned}
u(k)=u(k-1)&+\frac{\rho_{L_y+1}\Phi_{L_y+1}(k)[y^*(k+1)-y(k)]}{|\lambda+\Phi_{L_y+1}(k)|^2}\\
&-\frac{\Phi_{L_y+1}(k)\sum\limits_{i=1}^{L_y}\rho_i\Phi_i(k)\Delta y(k-i+1)}{|\lambda+\Phi_{L_y+1}(k)|^2}\\
&-\frac{\Phi_{L_y+1}(k)\sum\limits_{i=L_y+2}^{L_y+L_u}\rho_i\Phi_i(k)\Delta u(k-L_y-i+1)}{|\lambda+\Phi_{L_y+1}(k)|^2}
\end{aligned}\tag{6.4}
$$

式中：$y^*(k+1)$ 为期望的系统输出；λ 为控制输入变化的惩罚因子，λ 越小，系统的响应越快，但可能产生超调甚至失稳；反之，λ 越大，系统的响应越慢，输入输出越平稳，超调越小。加入步长因子 $\rho_i\in(0,1]$，$i=1,2,\cdots,(L_y+L_u)$是为了使控制算法设计更具有灵活性。

伪梯度向量（PG）的估计准则函数为

$$
\begin{aligned}
J[\Phi_{f,L_y,L_u}(k)]=&|y(k)-y(k-1)-\Phi_{f,L_y,L_u}^T(k)\Delta H_{L_y,L_u}(k-1)|^2\\
&+\mu\|\Phi_{f,L_y,L_u}(k)-\hat{\Phi}_{f,L_y,L_u}(k-1)\|^2
\end{aligned}\tag{6.5}
$$

根据最优条件，对式（6.5）关于求极值，并利用矩阵求逆引理，可得伪梯度向量的估计算法为

$$
\begin{aligned}
\hat{\Phi}_{f,L_y,L_u}(k)=&\hat{\Phi}_{f,L_y,L_u}(k-1)\\
&+\frac{\eta\Delta H_{L_y,L_u}(k-1)[y(k)-y(k-1)]-\hat{\Phi}_{f,L_y,L_u}^T(k)\Delta H_{L_y,L_u}(k-1)}{\mu+\|\Delta H_{L_y,L_u}(k-1)\|^2}
\end{aligned}\tag{6.6}
$$

式中：μ 为权重因子，加入步长因子 $\eta\in(0,2]$是为了使控制算法设计具有更大的灵活性；$\hat{\Phi}_{f,L_y,L_u}(k-1)$ 为 $\hat{\Phi}_{f,L_y,L_u}(k)$ 的估计值。

如果 $\|\hat{\Phi}_{f,L_y,L_u}(k)\|\leqslant\varepsilon$ 或 $\Delta H_{L_y,L_u}(k-1)\leqslant\varepsilon$ 或 $\mathrm{sgn}[\hat{\Phi}_{L_y+1}(k)]\neq\mathrm{sgn}[\hat{\Phi}_{L_y+1}(1)]$时，则 $\hat{\Phi}_{f,L_y,L_u}(k)=\hat{\Phi}_{f,L_y,L_u}(1)$。$\varepsilon$ 为一个充分小的正整数。仿真时取 0.0001，$\hat{\Phi}_{f,L_y,L_u}(1)$ 为 $\hat{\Phi}_{f,L_y,L_u}(k)$ 的初始值。

至此，综合式（6.4）和式（6.6）得到基于全格式的无模型自适应控制算法。由

式（6.4）～式（6.6）可以看出，该方案利用闭环控制系统量测的在线输入输出 I/O 数据进行控制器设计，不显含或者隐含任何关于受控系统动态模型的信息。因此称之为无模型自适应控制（MFAC）。

6.3　仿　真　模　型

6.3.1　电磁直线执行器的非线性模型

为了获得控制算法所需要的输入输出数据，需要建立系统的时变模型，而模型仅仅用于产生 I/O 数据，并不参加控制器的设计，因此当系统参数发生变化时，对控制器并无影响。描述电磁直线执行器直接驱动的流体控制阀运动方程的非线性时变模型为[113-114]

$$\dot{x}(t) = v(t) \tag{6.7}$$

$$f(t) = K_f i(t) \tag{6.8}$$

$$u(t) = K_e \dot{x}(t) + Ri(t) + Ldi(t)/dt \tag{6.9}$$

$$f(t) = m\ddot{x}(t) + f_{load}(t) + f_{friction}(\dot{x}) + \omega(t) \tag{6.10}$$

$$f_{friction}(\dot{x}) = [f_c + (f_s - f_c)e^{-(\dot{x}/x_s)^\delta} + f_v\dot{x}]\mathrm{sgn}(\dot{x}) \tag{6.11}$$

式中：$f_{friction}$ 为摩擦力，N；$u(t)$ 为控制电压，V；$f(t)$ 为执行器驱动力，N；$\dot{x}(t)$ 为执行器位置，m；$v(t)$ 为执行器的运动速度，m/s；K_f 为执行器力常数，N/A；K_e 为反电动势常数，V/(m/s)；R 为执行器线圈电阻，Ω；L 为线圈电感，H；$i(t)$ 为线圈电流，A；m 为运动质量，kg；$\omega(t)$ 为其他干扰；f_s 为静态摩擦力，N；f_c 为库伦摩擦力，N；x_s 为润滑参数，m/s；f_v 为动摩擦系数，N/(m/s)；δ 为经验参数，仿真时取 1；sgn 为符号函数。

控制算法中的参数设置为：权重因子 $\mu = 1$，步长因子 $\eta = 2$，$\varepsilon = 0.0001$，权重因子 $\lambda = 1.2e-6$，步长因子 $\rho_6 = [0.1, 0.1, 0.1, 0.1, 0.02, 0.1, 0.1]$，伪阶数 $L_y = 3$，$L_u = 3$，$\hat{\Phi}_{f,L_y,L_u}(k)$ 的初始值 $\hat{\Phi}_{f,L_y,L_u}(1) = [0.03, 0.03, 0.03, 0.03, 0.03, 0.03]^T$。仿真采样周期为 0.0001s。仿真中参数选取的值分别见表 6.1 中所示。

表 6.1　　　　　　　　　　　　　仿 真 参 数 表

参　　数	数　　值	参　　数	数　　值
执行器线圈电阻/Ω	4	静态摩擦力/N	20
线圈电感/mH	1.6	库伦摩擦力/N	10
运动质量/kg	0.036	润滑参数/（m/s）	0.1
执行器力常数/(N/A)	11.3	动摩擦系数/[N/(m/s)]	10
反电动势常数/[V/(m/s)]	11.3		

6.3.2　Matlab/Simulink 模型框架

首先对算法的可行性进行仿真验证，控制器的结构框图如图 6.1 所示。主要包含 MFAC 无模型自适应控制器模块、估计器模块和被控对象 EMLA 直接驱动的流体控制阀模块等。

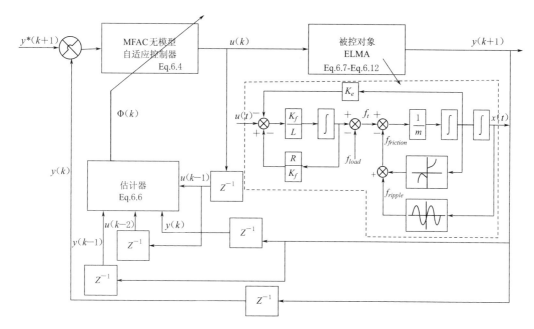

图 6.1 控制器的结构框图

由图可以看出，只有一个在线调整的参数即系统的拟梯度向量，该向量是通过新型参数估计算法，根据 EMLA 直接驱动的流体控制阀系统模型的输入输出信息在线导出的，相比较传统的自适应控制算法，在线调整的参数要少，计算量小，能适应系统的快速性，易于实现。在建立模型框架的基础上，在 Matlab/Simulink 下建立控制算法的模型，对所设定的不同固定升程、连续升程等进行仿真计算。

6.4 仿 真 结 果

6.4.1 连续升程的仿真

为了验证算法能够对控制阀升程的自适应，对阀的连续升程进行仿真。验证算法对连续开启过程的阶梯信号的响应，设定升程为 $0\sim4\text{mm}$ 的开启过程和 $4\text{mm}\sim0$ 的关闭过程，每隔 200ms 为一个升程，采样周期为 0.1ms。因此期望的输出表达式为

$$y(k)=\begin{cases}0 & 0\leqslant k\leqslant 2000 \\ 1 & 2000<k\leqslant 4000 \\ 2 & 4000<k\leqslant 6000 \\ 3 & 6000<k\leqslant 8000 \\ 4 & 8000<k\leqslant 10000 \\ 3 & 10000<k\leqslant 12000 \\ 2 & 12000<k\leqslant 14000 \\ 1 & 14000<k\leqslant 16000 \\ 0 & 16000<k\leqslant 20000\end{cases} \quad (6.12)$$

式中：k 为采样时刻，采样时间 k 为乘以采样周期。

仿真结果如图 6.2 所示，从图中可以看出，对设定的期望连续升程，无论是在开启阶段还是在关闭阶段，都具有很好的跟踪能力。

6.4.2   不同目标位置的阶跃响应

直接驱动的流体控制阀需要实现对不同升程的控制要求。为了验证算法的可行性，仿真计算系统对不同的目标位置下的阶跃响应，分别设定为 1mm，2mm，3mm，4mm 的目标位置，仿真的结果如图 6.3 所示。在不改变控制参数的情况下，达到目标位置 1mm 和 2mm 的响应时间为 5ms 以内，达到 3mm 和 4mm 的位置响应时间在 6ms 以内，满足实际的需要，控制的精度稳态误差在 0.02mm（20μm）以内。

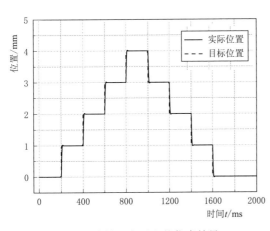

图 6.2   连续开启过程的仿真结果　　　　图 6.3   不同目标位置的阶跃响应

6.4.3   系统在空载和负载下的仿真研究

系统除了要满足不同的升程需求外，在实际工作时，还应考虑在空载和负载下的响应。为了进一步验证算法在不同负载下的响应，分别给系统增加 5N 和 10N 的负载力以模拟实际情况，即 $f_{load}=5$N 和 $f_{load}=10$N，系统响应如图 6.4 所示。

其中，图 a 为位置的输出响应，固定升程为 2mm 时的情况。从图 a 可以看出，随着负载的增加，系统在初始位置会朝反方向运动一小段距离，而且系统的响应变慢。图 b 为控制量的变化。负载的增大，使得到达指定的目标的位移量需要的控制量也随之增大。图 c 和图 d 为对应的速度和电流变化。从中可以看出，随着负载的增加，速度响应也随之变慢，所需要的电流也不断地增加。在达到稳定状态时，电流和控制量将不再是空载时为零，而是保持在一定的值，以此来克服负载对其运动反方向的力。

从仿真的结果来看，控制算法在增加负载下具有很好的适应性，运行相同的参数，当负载有变化时，而不再需要根据不同负载来设置单独的控制参数，即可以准确的达到目标位置，超调较小，精度高，由此也验证了算法具有很好的适应性。

6.4.4   系统的抗干扰能力仿真

对直接驱动的流体控制阀系统不仅要求能够快速到达给定的目标升程，同时还需要在工作期间内保持在目标位置处。因此，系统还应该具备达到稳态的同时还有一定的抗干扰

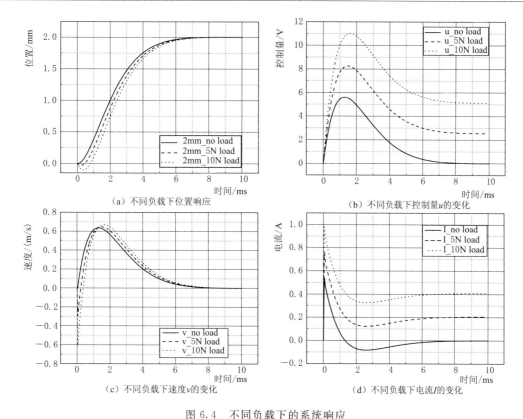

图 6.4　不同负载下的系统响应

能力。为了验证系统在稳态时对干扰的抑制能力，在运动 8～8.5ms 时，加载干扰力±100N，系统的响应如图 6.5 所示。

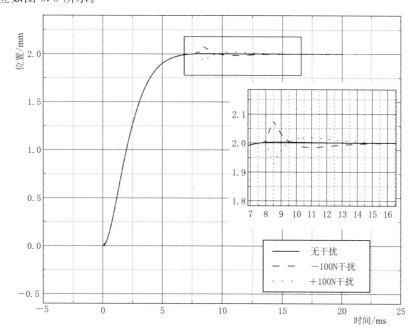

图 6.5　在增加干扰的情况下的系统响应

从图中可以看出，加载干扰力后，系统能够较快的恢复稳定状态，超调量在 4% 以内，能够满足系统的精度要求，同时验证了采用无模型自适应的控制算法具有较强的抗干扰能力。在突加干扰时，系统能够根据反馈的数据在线自动调节给予相应的补偿，因此算法具有一定的可靠性。

6.5　试 验 结 果 与 分 析

6.5.1　固定升程 3mm 的试验结果

为了进一步验证算法在实际运行过程中的可行性，在搭建的试验平台上对控制算法进行试验验证，试验参数设置为：初始状态，全格式的无模型自适应控制算法的伪阶数选取为步长因子和权重因子，并选取某一固定目标升程为 3mm 时的响应和电流，试验结果如图 6.6 所示。

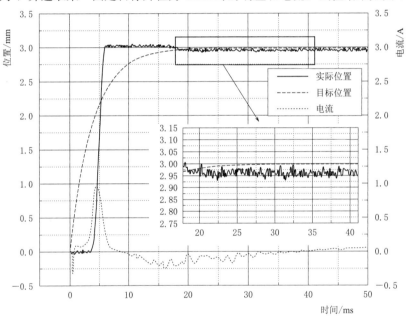

图 6.6　目标升程 3mm 时的响应与电流

从图中可以看出，在 3mm 升程时，响应时间为 4~5ms；20ms 之后进入稳态阶段，最大误差为 0.0655mm，最小误差为 −0.0149mm，平均值误差为 0.0353mm。误差呈现不断减小的趋势。

对给定某一固定升程的目标下，对电流的跟踪如图 6.7 所示。

从图中的电流可以看出，计算出的控制电流和实际电流传感器采集到的电流能够很好地吻合，跟踪误差在不断地减少，直至接近为 0。

6.5.2　对任意升程的试验结果

为了进一步验证无模型自适应控制算法对其他升程的有效性，在调节好一个固定升程后改变不同的升程，在不改变其他参数的情况下，测试算法输出的结果。为了便于绘图，本文只画出了 0.5~4mm 升程，每隔 0.5mm 下的共计 8 个升程的输出结果，试验设置为 200ms 一个周期，结果如图 6.8 所示。

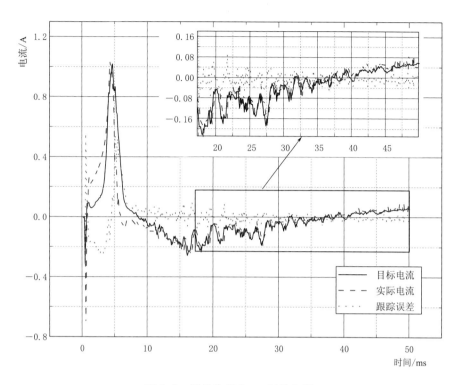

图 6.7 目标位置 3mm 时的电流

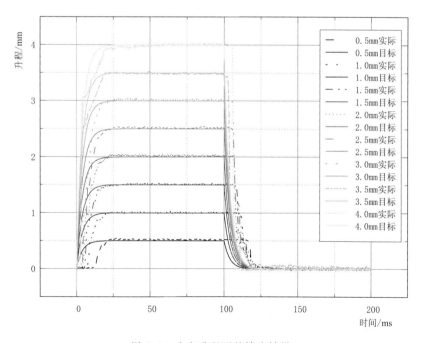

图 6.8 改变升程下的输出结果

试验验证从 0.5～4mm 的升程的实现，在不改变其他参数的情况下，只改变不同的升程。从得到的输出图中可以看出，控制算法对升程的适应性较好，能够满足伺服控制的要求。另外，试验还测试了每隔 0.1mm 的升程测试，试验结果发现，也同样能够满足自适应的目标。

6.6　本　章　小　结

本章主要是探索基于全格式的无模型自适应控制算法在直接驱动的流体控制阀系统中的应用，通过仿真分析和试验测试验证算法的有效性。结果表明控制算法不再过分依赖系统模型的准确性，能够自适应直接驱动的流体控制阀不同的升程需求，而不需要频繁的更改控制参数。本章主要完成以下内容包括：

（1）搭建基于全格式的无模型自适应控制算法的框架，并对算法的可行性进行仿真分析，通过仿真模拟算法对不同升程的阶跃响应，以及对增加负载力和存在干扰的情况下的系统输出，从而验证算法在电磁直线执行器直接驱动的流体控制阀应用的可能。

（2）完成基于全格式的无模型自适应控制算法的程序设计和试验验证，通过应用于实际的电磁直线执行器直接驱动的流体控制阀中。结果表明，该控制策略能够满足控制要求，并具有较好的稳态精度。

（3）算法的适应性较好，能够在不改变控制器参数的情况下，自适应任意的升程，试验测试了 0.1～4.0mm 之间每隔 0.1mm 一个升程，共计 40 个升程，实现了连续控制的目的。

第7章　总　结　与　展　望

本书以电磁直线执行器直接驱动的流体控制阀系统为研究对象，以提升流体控制元件的性能为目标，针对阀用电—机械转换装置驱动能力差、非线性、响应慢等问题，创新性地采用高性能的电磁直线执行器直接驱动的方式，可以根据实际需求按开关阀模式和伺服阀模式工作，能够有效地对气体等其他流体的流量、压力等参量进行控制。通过设计相应的控制算法实现系统的精准性和高响应，使得机电设备的性能提升的同时提高流体控制元件竞争水平，具有重要的理论研究意义和实际应用价值。

7.1　主要工作与结论

本书通过系统方案设计、理论分析、数学建模、仿真计算和试验验证相结合的方法，对电磁直线执行器直接驱动的流体控制阀的控制技术和磁阻式位移传感器等方面进行深入和详细的研究。主要结论包括：

（1）提出了应用电磁直线执行器直接驱动的流体控制阀系统的结构方案。可以根据实际需求按开关阀模式和伺服阀模式工作，实现高响应和高精度的流体流量、压力等参数的调节。在对系统功能详细分析的基础上，阐述了系统的工作原理、结构和性能指标，并搭建了包括系统控制器、功率驱动电路、系统执行器和系统传感器的整体框架，完成了系统的硬件和软件设计。

（2）建立了电磁直线执行器直接驱动的流体控制阀系统的数学模型并进行仿真分析。在对系统机理进行仔细研究的基础上，在 Matlab/Simulink 平台下搭建了系统的仿真模型，对影响系统性能的关键参数进行仿真分析，最后构建了系统的双闭环控制器。

（3）基于磁阻原理设计了应用于直接驱动的流体控制阀的磁阻式位移传感器。在 Ansoft 下建立三维仿真模型，针对其应用环境的磁场分布，对布置区域的磁场强度和磁场角度进行仿真模拟，以确定合理的偏置磁场的布置方案，针对干扰引起的精度下降等问题，采用了差动式双磁阻位移传感器的方案，最后搭建了试验测试平台，对所设计的传感器进行了静态和动态测试。

（4）完成了基于逆系统和增益调度 PI 结合的复合控制方案。结合逆系统响应快和 PI 控制精准两者的优点，实现了直接驱动的流体控制阀的升程 0～4mm 连续可调和在升程范围内的任意位置的目标，并对比了包含逆系统，逆系统＋PI 和逆系统＋增益调度 PI 的三种控制方案的控制效果，最终确定逆系统＋增益调度 PI 要优于另外两种方案，控制精度达到 ±0.02mm，响应时间小于 10ms。

（5）研究了直接驱动的流体控制阀的流量特性，在分析其流体子系统的基础上，对影响输出流量的阀盘直径，供气压力和喷射脉宽等因素进行详细分析，仿真分析了在不同压差下阀腔内部流场情况，最后建立流量测试的试验平台，测试不同升程和不同供气压力下的流量特性，试验和仿真结果相吻合，确定直接驱动式的流体控制阀的输出流量和供气压力以及阀升程之间的关系，达到了通过控制阀的升程来实现流量连续可调的目标。

（6）完成了基于全格式无模型自适应控制的研究。在建立不依赖系统参数的非线性模型的基础上，通过特征参量的辨识算法和控制算法的在线交互进行，实现了应用电磁直线执行器直接驱动的流体控制阀的自适应控制，在 Matlab/Simulink 下建立数学模型，仿真模拟验证了算法的可行性，并计算存在干扰和负载力下系统的响应，最后在搭建的试验测试平台上进行了试验验证，结果表明算法能够自适应控制阀不同升程而不需要改变控制参数，稳态误差小于 0.03mm，响应时间在 10ms 以内。

7.2　研　究　展　望

本书针对应用电磁直线执行器直接驱动的流体控制阀系统进行了较为深入和系统的研究，在系统方案设计、位移传感器和控制策略等方面取得了一定的进展。然而由于时间及条件的限制，仍有诸多问题需要进一步开展探究。

（1）书中对电磁直线执行器直接驱动的流体控制阀系统进行了基础性的研究，工作介质仅对气体开展相关的研究。而作为流体控制阀系统，也可推广至液体等方面做进一步的探究。尤其在气动伺服领域中对气缸位置和压力的控制方面，对拓展其应用范围，充分发挥其单级直接驱动的优势，提升其性能具有重要意义。

（2）系统由多个相同或不同层次的子系统组成，各子系统之间通过融合构成结构复杂的有机整体。对磁阻式位移传感器在本书中做了详细阐述，并在本书研究的直接驱动的流体控制阀系统中得到了应用。但是随着电子元器件的更新换代，可以采用其他性能更优的传感器芯片做进一步的改进和提升。

（3）书中仅对直接驱动的流体控制阀系统的控制策略进行仿真和试验研究。由于时间和条件的限制，只是对控制阀的升程进行了深入分析，未针对不同的控制策略对阀内部的流场影响做相关的研究。因此，关于不同的控制策略下阀内部的流场情况仍有许多工作有待开展。

参　考　文　献

［1］　BISHOP R. H. Mechatronic Systems，Sensors，and Actuators：Fundamentals and Modeling［M］. CRC press，2007.

［2］　国家自然科学基金委员会. 机械工程学科发展战略报告 2011 - 2020［M］. 北京：科学出版社，2011.

［3］　钟掘，段吉安. 现代复杂工业制造系统的若干设计理论问题［J］. 机械工程学报，2001，37 （12）：1 - 6.

［4］　路甬祥. 流体传动与控制技术的历史进展与展望［J］. 机械工程学报，2001，37 （10）：1 - 9.

［5］　 H. Murrenhoff. Trends in Valve Development［J］. Institute for Fluid Power Drives Controls （IFAS），2003，4：1 - 36.

［6］　R. Maskrey，W. Thayer. A Brief History of Electrohydraulic Servomechanisms［J］. MoogTechnical Bulletin，1978，141：1 - 7.

［7］　田源道. 电液伺服阀技术［M］. 北京：航空工业出版社，2008.

［8］　傅林坚. 大流量高响应电液比例阀的设计及关键技术研究［D］. 杭州：浙江大学，2010.

［9］　高成国，林慕义. 大流量电液换向阀的动态特性试验与仿真研究［J］. 中国机械工程，2010，21 （3）：310 - 313.

［10］　阮健，李胜. 液压及气动阀直接数字控制的新途径［J］. 中国机械工程，2000，11 （3）：317 - 320.

［11］　阮健. 电液 （气）直接数字控制技术［M］. 杭州：浙江大学出版社，2000.

［12］　H. Yousefi，et al. On Modelling，System Identification and Control of Servo - systems with a Flexible Load［J］. Acta Universitatis Lappeenrantaensis，2007.

［13］　A. Myszkowski. Modelling and Simulation Tests of an Electrohydraulic Servo - drive with a Stepping Motor［J］. 2012：1 - 16.

［14］　E. E. Topc，u，·I. Y˙uksel，Z. Kamls，. Development of Electro - pneumatic Fast Switching Valve and Investigation of its Characteristics［J］. Mechatronics，2006，16 （6）：365 - 378.

［15］　M. Becker. Steuerungen Und Regelingen - schrittmotor Als Aktuator Fur Hydraulik - wegeventile ［J］. Olhydraulik und Pneumatik，2000，44 （4）：249 - 253.

［16］　M. Zupan，M. F. Ashby，N. A. Fleck. Actuator Classification and Selection - the Development of a Database［J］. Advanced Engineering Materials，2002，4 （12）：933 - 940.

［17］　A. Poole，J. D. Booker. Classification and Selection of Actuator Technologies with Consideration of Stimuli Generation［A］. The 15th International Symposium on：Smart Structures and Materials & Nondestructive Evaluation and Health Monitoring［C］. 2008：692728 - 692728.

［18］　C. C. Egbuna，A. H. Basson，et al. Electric Actuator Selection Design Aid for Low Cost Automation ［A］. DS 58 - 6：Proceedings of ICED 09，the 17th International Conference on Engineering Design，Vol. 6，Design Methods and Tools （pt. 2），Palo Alto，CA，USA，24. - 27.08.2009［C］. 2009.

［19］　方平，丁凡，李其朋，等. 高频动铁式电—机械转换器的研究［J］. 中国机械工程，2006，16 （23）：2090 - 2092.

［20］　周淼磊. 压电型电液伺服阀及其控制方法研究［D］. 长春：吉林大学，2004.

［21］　王传礼，丁凡，崔剑，等. 基于 GMA 喷嘴挡板伺服阀的动态特性［J］. 机械工程学报，2006，

42（10）：23 - 26.

［22］ 横田真一，吉田和弘，板東賢一，等 . A Small Size Proportional Valve Using a Shape Memory Alloy Array Actuator ［J］. 日本機械学会论文集 B 编，1996，62（593）：224 - 229.

［23］ 李胜 . 2D 伺服阀数字控制的关键技术的研究 ［D］. 杭州：浙江工业大学，2011.

［24］ 崔剑，丁凡，李其朋 . 耐高压双向旋转比例电磁铁的静态力矩特性 ［J］. 浙江大学学报：工学版，2007，41（9）：1578 - 1581.

［25］ D. Gordi'c，M. B. - N. J. - D. Milovanovi'c. Effects of the Variation of Torque Motor Parameters on Servovalve Performance ［J］. Journal of Mechanical Engineering，2008，54（12）：866 - 873.

［26］ M. Carpita，T. Beltrami，C. Besson，et al. Multiphase Active Way Linear Motor：Proof - of - concept Prototype ［J］. Industrial Electronics，IEEE Transactions，2012，59（5）：2178 - 2188.

［27］ 李勇 . 低功耗比例电机械转换器关键技术研究 ［D］. 杭州：浙江大学，2009.

［28］ 张弓，于兰英，柯坚 . 高频动圈式电一机械转换器 ［J］. 电机与控制学报，2007，11（3）：298 - 302.

［29］ J. Ruan，R. Burton，P. Ukrainetz. An Investigation Into the Characteristics of a Two Dimensional "2d" Flow Control Valve ［J］. Journal of dynamic systems，measurement，and control，2002，124（1）：214 - 220.

［30］ 阮健，裴翔，李胜 . 2 D 电液数字换向阀 ［J］. 机械工程学报，2000，36（3）：86 - 89.

［31］ Q. Li，F. Ding，C. Wang. Novel Bidirectional Linear Actuator for Electrohydraulic Valves ［J］. Magnetics，IEEE Transactions，2005，41（6）：2199 - 2201.

［32］ 许小庆，权龙，王旭平 . 双自由度阀用电一机械转换器原理及特性 ［J］. 中国电机工程学报，2010，30（3）：119 - 124.

［33］ 许小庆，权龙，李斌 . 开关型电磁铁控制比例伺服阀的方法及实验研究 ［J］. 中国电机工程学报，2009，29（21）：93 - 98.

［34］ 苗建中，崔莉 . 气体燃料发动机电控燃料喷射阀 ［P］. 中国：CN2527729，2002 - 12 - 25.

［35］ L. Nascutiu. Voice Coil Actuator for Hydraulic Servo Valves with High Transient Performances ［A］. 2006 IEEE International Conference on Automation，Quality and Testing，Robotics ［C］. 2006：185 - 190.

［36］ S. Wu，R. Burton，Z. Jiao，et al. Feasibility Study on the Use of a Voice Coil Motor Direct Drive Flow Rate Control Valve ［A］. ASME 2009 Dynamic Systems and Control Conference ［C］. American Society of Mechanical Engineers，2009：621 - 628.

［37］ B. Li，L. Gao，G. Yang. Evaluation and Compensation of Steady Gas Flow Force on the High - pressure Electro - pneumatic Servo Valve Direct - driven by Voice Coil Motor ［J］. Energy Conversion and Management，2013，67：92 - 102.

［38］ L. Baoren，G. Longlong，Y. Gang. Modeling and Control of a Novel High - pressure Pneumatic Servo Valve Direct - driven by Voice Coil Motor ［J］. Journal of Dynamic Systems，Measurement，and Control，2013，135（1）：014507.

［39］ Y. - J. Yang，W. Peng，D. Meng，et al. Reliability Analysis of Direct Drive Electro - hydraulic Servo Valves Based on a Wear Degradation Process and Individual Differences ［J］. Proceedings of the Institution of Mechanical Engineers，Part O：Journal of Risk and Reliability，2014：1748006X14541256.

［40］ N. A. Wondimu. Simulated and Experimental Sliding Mode Control of a Hydraulic Positioning System ［D］. The University of Akron，2006.

［41］ 王大彧 . 直接驱动阀用直线音圈电机系统关键技术研究 ［D］. 北京：北京航空航天大学，2011.

［42］ 王大彧，郭宏 . 采用 DSP 和 FPGA 直驱阀用音圈电机驱动控制系统 ［J］. 电机与控制学报，

2011，15（4）：7－12.

［43］ T. Miyajima，K. Sakaki，T. Shibukawa，et al. Development of Pneumatic High Precise Position Controllable Servo Valve［A］. Control Applications，2004. Proceedings of the 2004 IEEE International Conference［C］. IEEE，2004，2：1159－1164.

［44］ T. Miyajima，T. Fujita，K. Sakaki，et al. Development of a Digital Control System for High－performance Pneumatic Servo Valve［J］. Precision Engineering，2007，31（2）：156－161.

［45］ B. Wen. Development of a Hybrid Linear Actuator［D］. Toronto，Ontario，Canada：University of Toronto，2012.

［46］ 彭太江，杨志刚，阚君武，等. 电一气比例/伺服技术现状及其发展［J］. 农业机械学报，2005，36（6）：126－130.

［47］ 向忠，陶国良. 气动高速开关阀关键技术研究［D］. 杭州：浙江大学，2010.

［48］ 向忠，陶国良，谢建蔚，等. 气动高速开关阀动态压力特性仿真与试验研究［J］. 浙江大学学报（工学版），2008，42（5）：845－857.

［49］ 鲍文，牛文玉，陈林泉，等. 固体火箭冲压发动机燃气发生器及燃气流量调节阀建模及仿真［J］. 固体火箭技术，2008，31（6）：569－574.

［50］ 侯晓静，莫展. 固冲发动机燃气流量调节阀设计与调节特性研究［J］. 弹箭与制导学报，2011，31（2）：123－126.

［51］ 丁凡，姚健娣，笪靖，等. 高速开关阀的研究现状［J］. 中国工程机械学报，2011，9（3）：351－358.

［52］ 王传礼，丁凡，张凯军. 基于超磁致伸缩转换器的流体控制阀及其技术［J］. 农业机械学报，2003，34（5）：164－167.

［53］ D. Linden. Entwicklung Eines Piezobetätigten Servoventils Für Die Hydraulische Werkstück-prüfung［M］. Shaker，2002.

［54］ J. R. Weber. Piezo Solenoid Actuator and Valve Using Same［P］. US：Patent 6，789，777，2004－09－14.

［55］ H. Tanaka，T. Urai. Development of a Giant Magnetostrictive Tandem Actuator and the Application to a Servovalve［J］. Trans. ISCIE，2001，14：110－116.

［56］ T. Sugiyama，K. Uchida. Modeling of Direct－drive Servovalve Which Has Giant Magnetostrictive Material and Spool Position Control by Gain Scheduling［J］. Transactions of the Institute of Systems，Control and Information Engineers，2001，14：110－116.

［57］ H. Tanaka，Y. Sato，T. Urai. Development of a Common－rail Proportional Injector Controlled by a Tandem Arrayed Giant－magnetostrictive－actuator［R］. Tech. rep.，SAE Technical Pap，2001.

［58］ 夏春林. 超磁致伸缩电一机械转换器及其在流体伺服元件中的应用基础研究［D］. 杭州：浙江大学，1998.

［59］ 孟爱华. 脉冲喷射开关阀理论及其在 BCP 应用中的研究［D］. 杭州：浙江大学，2006.

［60］ 吕福在，项占琴. 稀土超磁致伸缩材料高速强力电磁阀的研究［J］. 内燃机学报，2000，18（2）：199－202.

［61］ 李跃松，朱玉川，吴洪涛，等. 超磁致伸缩电一机转换器位移感知模型及滞环分析［J］. 机械工程学报，2012，48（4）：169－174.

［62］ 李跃松，朱玉川，吴洪涛，等. 超磁致伸缩伺服阀用电一机转换器传热及热误差分析［J］. 农业机械学报，2015，46（2）：343－350.

［63］ 王雪松，程玉虎，易建强. 电一气位置伺服控制系统的研究进展［J］. 控制与决策，2007，22（6）：601－607.

［64］ M. Tomizuka. Zero Phase Error Tracking Algorithm for Digital Control［J］. Journal of Dynamic

Systems，Measurement，and Control，1987，109（1）：65 – 68.

［65］ C. J. Kempf，S. Kobayashi. Disturbance Observer and Feedforward Design for a High – speed Direct –drive Positioning Table ［J］. Control Systems Technology，IEEE Transactions，1999，7（5）：513 – 526.

［66］ 吴建华 . 高加速度直线伺服系统的快速高精度定位控制 ［D］. 上海：上海交通大学，2007.

［67］ 李腾 . 高动态运动平台全局耦合建模与特性分析及控制研究 ［D］. 哈尔滨：哈尔滨工业大学，2012.

［68］ K. K. Tan，S. Huang，H. Seet. Geometrical Error Compensation of Precision Motion Systems Using Radial Basis Function ［J］. Instrumentation and Measurement，IEEE Transactions，2000，49（5）：984 – 991.

［69］ K. K. Tan，T. H. Lee，H. F. Dou，et al. Precision Motion Control with Disturbance Observer for Pulsewidth – modulated – driven Permanent – magnet Linear Motors ［J］. Magnetics，IEEE Transactions，2003，39（3）：1813 – 1818.

［70］ 刘又闻 . 模糊控制与极限精度定位控制的应用 ［D］. 台北：台湾成功大学，2010.

［71］ Y. Wang，Z. Xiong，H. Ding. Fast Response and Robust Controller Based on Continuous Eigenvalue Configurations and Time Delay Control ［J］. Robotics and Computer – Integrated Manufacturing，2007，23（1）：152 – 157.

［72］ R. C. Dorf，R. H. Bishop. Modern Control Systems ［M］. 12th ed. New York：Pearson Prentice Hall，2011.

［73］ V. Raviraj，P. C. Sen. Comparative Study of Proportional – integral，Sliding Mode，and Fuzzy Logic Controllers for Power Converters ［J］. IEEE Transactions on Industry Applications，1997，33（2）：518 – 524.

［74］ S. Ning，G. M. Bone. High Steady – state Accuracy Pneumatic Servo Positioning System with Pva/pv Control and Friction Compensation ［A］. Robotics and Automation，2002. Proceedings. ICRA' 02. IEEE International Conference ［C］. 2002，3：2824 – 2829.

［75］ S. Ning，G. M. Bone. Experimental Comparison of Two Pneumatic Servo Position Control Algorithms ［A］. Mechatronics and Automation，2005 IEEE International Conference ［C］. IEEE，2005，1：37 – 42.

［76］ 韩京清 . 自抗扰控制器及其应用 ［J］. 控制与决策，1998，13（1）：19 – 23.

［77］ 韩京清 . 新型 PID 控制及其应用 ［J］. 控制工程，2002，9（3）：13 – 18.

［78］ X. Shi，S. Chang. Precision Motion Control of a Novel Electromagnetic Linear Actuator Based on a Modified Active Disturbance Rejection Controller ［J］. Proceedings of the Institution of Mechanical Engineers，Part I：Journal of Systems and Control Engineering，2011：0959651811430036.

［79］ X. X. Shi，S. Q. Chang. Application Study of Active Disturbance Rejection Control Technology ［J］. Advanced Materials Research，2012，383：701 – 706.

［80］ 施昕昕 . 基于电磁直线执行器的运动控制技术研究 ［D］. 南京：南京理工大学，2012.

［81］ 刘梁 . 发动机电磁驱动配气机构的研究 ［D］. 南京：南京理工大学，2012.

［82］ L. Liu，S. Chang. Motion Control of an Electromagnetic Valve Actuator Based on the Inverse System Method ［J］. Proceedings of the Institution of Mechanical Engineers，PartD：Journal of Automobile Engineering，2012，226（1）：85 – 93.

［83］ L. Liu，S. Chang. Improvement of Valve Seating Performance of Engine's Electromagnetic Valvetrain ［J］. Mechatronics，2011，21（7）：1234 – 1238.

［84］ 李晓辉，徐本洲，聂伯勋 . 逆系统在电液伺服系统中的应用 ［J］. 液压与气动，2006，28（11）：40 – 43.

［85］ 李胜．逆系统方法在电液位置伺服系统中的应用［D］．哈尔滨：哈尔滨工业大学，2006.

［86］ N. Shu. Theoretical and Experimental Study of Pneumatic Servo Motion Control Systems［D］. Canada：McMaster University，2005.

［87］ H. Angue – Mintsa，R. Venugopal，J. – P. Kenn′e，et al. Adaptive Position Control of an Electrohydraulic Servo System with Load Disturbance Rejection and Friction Compensation［J］. Journal of Dynamic Systems，Measurement，and Control，2011，133（6）：064506 – 1 – 064506 – 1.

［88］ 王大彧，郭宏．基于扩张状态观测器的直驱阀用音圈电机控制系统［J］．中国电机工程学报，2011，31（9）：88 – 93.

［89］ 孔祥冰，王海英．基于数字观测器的比例阀芯位移控制系统［J］．电机与控制学报，2007，11（4）：408 – 411.

［90］ 李其朋，丁凡．液压阀用耐高压电涡流位移传感器的研究［J］．传感技术学报，2005，18（1）：109 – 111.

［91］ 葛文庆．一种大功率气体燃料发动机电控喷射装置的研究［D］．南京：南京理工大学，2012.

［92］ R. Poley. Dsp Control of Electro – hydraulic Servo Actuators［J］. Texas Instruments Application Report，2005：1 – 26.

［93］ 常思勤，刘梁．高功率密度的动圈式永磁直线电机［P］．中国：CN101127474B，2010 – 07 – 14.

［94］ 吴志礼．应用 LVDT 于直流马达碳刷磨耗自动量测系统之研制［D］．台中：逢甲大学：2005.

［95］ J. Zhu，S. Chang. Modeling and Simulation for Application of Electromagnetic Linear Actuator Direct Drive Electro – hydraulic Servo System［A］. Power and Energy（PECon），2012 IEEE International Conference［C］．IEEE，2012：430 – 434.

［96］ J. Ma，H. Schock，U. Carlson，et al. Analysis and Modeling of an Electronically Controlled Pneumatic Hydraulic Valve for an Automotive Engine［A］. SAE 2006 World Congress［C］. Warrendale PA：SAE，2006：2006 – 01 – 0042.

［97］ 王天波，刘梁，常思勤，等．气体燃料喷射装置的稳态流动特性研究［J］．中国机械工程，2015，26（15）：2041 – 2046.

［98］ 尚群立，殷玲玲．基于磁阻原理非接触式位移测量的非线性方法［J］．仪器仪表学报，2007，28（3）：524 – 528.

［99］ S. Butzmann，R. Buchhold. A New Differential Magnetoresistive Gear Wheel Sensor with High Suppression of External Magnetic Fields［automotive Applications］［A］. Sensors，2004. Proceedings of IEEE［C］. 2004：16 – 19.

［100］ 何文辉，颜国正，郭旭东．基于磁阻传感器的消化道诊查胶囊的位置检测［J］．仪器仪表学报，2006，27（10）：1187 – 1190.

［101］ R. Ramakrishnan，A. Gebregergis，M. Islam，et al. Effect of Position Sensor Error on the Performance of Pmsm Drives for Low Torque Ripple Applications［A］. Electric Machines & Drives Conference（IEMDC），2013 IEEE International［C］. IEEE，2013：1166 – 1173.

［102］ 杨波，尼文斌．基于异向性磁阻传感器的车辆检测与车型分类［J］．仪器仪表学报，2013，34（3）：537 – 544.

［103］ S. Butzmann，R. Buchhold. A New Sensor Element with High Suppression of External Fields for Rotational Speed Sensors in Engine Management Applications［R］. Tech. rep.，SAE Technical Paper，2002.

［104］ J. Zhu，S. Chang，J. Dai. The Research of a Differential Magnetoresistive Linear Displacement Sensor Measurement System［J］. Sensors & Transducers，2013，161（12）：618 – 624.

［105］ 李春文，冯元琨．多变量非线性控制的逆系统方法［M］．北京：清华大学出版社，1991.

［106］ 刘豹，唐万生．现代控制理论［M］．北京：机械工业出版社，2005.

［107］ 侯忠生，金尚泰. 无模型自适应控制理论与应用 ［M］. 北京：科学出版社，2013.

［108］ 曹荣敏. 数据驱动运动控制系统设计与实现 ［M］. 北京：国防工业出版社，2012.

［109］ 侯忠生. 无模型自适应控制的现状与展望 ［J］. 控制理论与应用，2006，23 （4）：586－592.

［110］ Z. Hou，Y. Zhu. Controller－dynamic－linearization－based Model Free Adaptive Control for Discrete－time Nonlinear Systems ［J］. Industrial Informatics，IEEE Transactions，2013，9 （4）：2301－2309.

［111］ Z. Hou，X. Bu. Model Free Adaptive Control with Data Dropouts ［J］. Expert Systems with Applications，2011，38 （8）：10709－10717.

［112］ K. Tan，T. Lee，S. Huang，et al. Adaptive－predictive Control of a Class of Siso Nonlinear Systems ［J］. Dynamics and Control，2001，11 （2）：151－174.

［113］ S. Huang，K. Tan，T. Lee. Adaptive Precision Control of Permanent Magnet Linear Motors ［J］. Asian Journal of Control，2002，4 （2）：193－198.

［114］ T. Lee，K. K. Tan，S. Lim，et al. Iterative Learning Control of Permanent Magnet Linear Motor with Relay Automatic Tuning ［J］. Mechatronics，2000，10 （1）：169－190.